弱くても、勝てました。

人生とビジネスに役立つ逆転の戦略55

鈴木博毅
ビジネス戦略コンサルタント

Gakken

三つのポイントを押さえて、逆転勝利《ジャイアントキリング》せよ!!!

この本では、歴史上の逆転勝利、しかも「小が大に勝つ」ジャイアントキリングの戦いを中心に紹介しています。では、小さな力で勝つには、いったい何が必要なのでしょうか？　そういった戦いには、じつは「不思議な3つの共通点」があるのです。

一般的に、「兵士の数」と「強さ」は比例します。そのため、劣勢な側が勝利する「大逆転」はめったに起こりません。だからこそその知恵を取り上げる価値があり、研究して学ぶ価値があるとも言えます。

では、数が少なくても勝利する戦いには、どんな共通点があるのでしょうか。1つずつ紹介していきましょう。

一．自軍の損害が最小!!!

つまり「こちらの損害が相手より少ない」なら、逆転勝利につながる。

勝負をかけた戦いで、最終的に勝敗を分けるのは「どちらの損害が多いか？」です。損害が多い側が、これ以上戦えない状態になると、敗北が確定します。もし、数が少ない側が「損害の多い」戦い方をすれば、戦いの初期にすぐ全滅で終わってしまいます。

「なるほど、損害が少ないほどよいのか！　ならば戦わなければいい」。そう勘違いする人もいるかもしれません。しかし、戦わない場合は、勝利を手に入れる可能性も永遠にゼロです。ずっと負けているので、ある意味で最初から降伏しているようなものでしょう。

では、人数が少ない側が「損害が少なく戦い」、かつ大軍に「大きな損害を与えられる」。そんな夢みたいな戦闘法などあるのでしょうか。もちろん、あります。

それは、たとえば一瞬の地形的機会や、相手の指揮官のミスを利用するなど、「わずかな勝利のチャンス」を見つけたときに可能となるものです。ただ、最初に述べた「こちらの損害の少ない戦い方」という条件を常に忘れてはいけません。これは、ビジネスの視点でいえば、「コストパフォーマンスの高い側が逆転勝利しやすい」ということになります。

次のポイントは、こちら。

二・機会を最大化できる!!!

つまり チャンスが高まったときに、チャンスを逃さない人が逆転する。

たとえば、「桶狭間の戦い」（p.48）で勝利した信長は、今川義元の本陣が「どのルートを通るか」が確信できた瞬間に出撃を決意しました。信長は、頭の中では何度も作戦（実行手順）を練っていたのでしょう。義元が今川の配下の城に向かって進んでいるとわかった時点で、「中央の今川義元だけを狙う攻撃ができる！　今だ！」と判断したはずです。

逆に、義元本陣の進軍ルートが違うものだと判明したら、桶狭間では戦闘を仕掛けなかったでしょう。別ルートの場合、桶狭間で戦うと効果的な奇襲にならないからです。

一方で、機会がなければいつまでも雌伏して「最大の機会を待つ」ことも、逆転勝利を手にする者たちの特徴です。

フランス軍内でナポレオンのライバルと言われていたベルナドットという人物がいます。ベルナドットは、軍事的才能ではナポレオンに並ぶと言われていたものの、あまりにナポレオンの勢いがあったため、戦いを挑むことすらできませんでした。

そのため、ナポレオンの配下に甘んじ、静かに反撃の機会をうかがっていたのです。１８１２年、すでにスウェーデン国王となっていたベルナドットは、ロシア遠征をしたナポレオンとはじめて戦い、みごとに雪辱を果たします。ナポレオンとの出会いから、じつに20年ほど。しかし、ベルナドットは20年たった「このチャンス」でなければ、勝利できなかったでしょう。

逆転勝利を狙う者は、かならず「最大の機会」が現れる時を待つべきです。今日、いまこの瞬間が最大の機会であったなら、まばたきのような一瞬で行動に出なければなりません。反対に、最大の機会が20年後なら、その20年後の1日が始まるのを辛抱強く待つ必要があります。機会に飛びつく能力という意味で、行動が遅い人には逆転勝利は難しいでしょう。同時に、機会がないときに焦って自滅しない忍耐力も必要なのです。

ジャイアントキリングができる条件の最後は、「リーダー」です。

三、圧倒的なリーダーの存在!!!

つまり 突出して優れたリーダーがいるチームは逆転勝利する。

優れたリーダーが逆転勝利に必要なのは、間違いありません。でも、この「優れたリーダー」という存在は、意外に難しいもの。なぜなら、逆転勝利をしてみないと、そのリーダーが優れているかはわからないからです。

では、実際に「圧倒的不利でも勝ったリーダー」にはどんな資質があったかを考えてみましょう。まず何より、不安や恐怖を受け止める「心の強さ」です。「この難局に打ち勝つ」「戦って活路を切り開く」という強い意志は、最低限必要です。それらがなければ、逆転勝利を成し遂げることはありえません。また、楽観視も絶望もせず、「難局は、難局である」と覚悟を決め、その難しさをそのままにとらえる度胸が必要になります。

２つ目は、「外（自分以外）に目を向けること」。逆転勝利は、少数の弱者が多数の強者に勝つ必要があります。単に自分だけの実力、自分の軍勢の力だけを見ていたら、自分たちよりも強い相手に勝つことはできません。そこで、地形や時間帯など自分たちを有利にしてくれる外の環境の情報、あるいは相手のリーダーや相手の軍隊の動き・予定などの情報をつかみ、それらを「どう活用するか？」が重要になります。なかでも、「情報をどう活用するか？」という点はきわめて重要です。なぜなら、多くの人は無駄に情報を山のように集めながらも、その情報を精査すらせず、ほとんど実行や改善に役立てていないからです。「情報をどう活用するか？」「情報を何に活かすか？」という問いは、勝利するリーダーが必ず頭の中に描いているものです。

つまり、逆転勝利できるリーダーには、楽観論や事態を軽く見ることよりも、事態の重要さを受け止め、冷静に情報を収集して活用する精神力と頭脳の組み合せが必要なのです。

最後に、逆転勝利はうすっぺらな頭のよさや、表面的な賢さとは真逆のものです。学校の勉強の成績、テストの点数とも関係ありません。既存のルールが通用する場所には、逆転勝利はありませんし、苦しい状況に慣れていないひ弱なエリートは、緊張感に耐えられないでしょう。

しかし、逆転勝利は人生にはもちろんのこと、集団にも、会社にも、国家にも必要になるときがあります。そのとき、他の人が発揮できない勇気をもって、勝利の姿をありありとイメージしてそれを宣言し、多くの仲間に共有できる人物。そのような人たちこそが、多くの驚くべき逆転勝利を生み出し、人類の歴史を彩ってきました。

あなたが今まさに苦境に立たされていたとしても、過去の偉人たちのように、きっと逆転勝利できるはずです。たとえ「弱くても、勝てる」。それをわかっていただけることが、本書の価値のすべてと言えます。さあ、３０００年の歴史から、逆転勝利の戦略を見ていきましょう。

２０２３年秋　鈴木博毅

人生とビジネスに役立つ逆転の戦略55　弱くても、勝てました。もくじ

CHAPTER

相手を【パニック】にして大勝利!!

CONTENTS

CHAPTER 2
【場所】を利用して大勝利!!

CHAPTER 3
【タイミング】をつかんで大勝利!!

CHAPTER 4 【相手の力】を分断して大勝利!!

CONTENTS

CHAPTER 5 【正義の旗】を掲げて大勝利!!

CHAPTER 6 【チームの力】で大勝利!!

CONTENTS

CHAPTER 7 【あの手この手】で大勝利!!

[おもな参考文献]

『戦争の世界史大図鑑』R・Gグラント著、樺山紘一訳(河出書房新社)

『世界戦争辞典』ジョージ・C・コーン著、鈴木主税訳(河出書房新社)

『図説戦争と軍服の歴史』辻元よしふみ(河出書房新社)

『図説戦国合戦地図集-決定版』(学研プラス)

『ビジュアル版　世界の歴史』増田ユリヤ監修(ポプラ社)

『世界古典文学全集　第13巻 春秋左氏伝』貝塚茂樹編さん(筑摩書房)

『キューバ革命勝利への道　フィデル・カストロ自伝』フィデル・カストロ・ルス著、工藤多香子ほか訳(明石書店)

CHAPTER

相手を【パニック】にして大勝利!!

敵を「パニックにする」のは、逆転勝利の基本。敵は驚きのあまり動きが鈍くなり、判断ミスの確率も高まります。相手に実力を発揮させない方法を見ていきましょう。

敵に長距離マラソンをさせて大勝利!!

柏挙《はくきょ》の戦い

紀元前506年@中国湖北省

20万の兵士で瞬殺じゃ!

20万人 VS **3**万人

楚軍　**呉軍**

WIN

策士の私に向かってくる度胸は認めよう

相手の有利を不利に変えてしまう、永遠の名著『孫子』作者の陽動作戦

時は、周王朝が崩壊したのちの春秋戦国時代。各国が群雄割拠した時期である。呉も楚もこの時代の強国でライバル同士。たがいに覇権を争っていた。

呉王は、ライバル国である楚を攻撃することを決意。ついに紀元前506年、楚に進軍。この「柏挙の戦い」はそのクライマックスともいえる戦争だった。

このとき呉は覇権拡大のための侵略を行う側（攻め手）、楚は祖国を防衛する側（守り手）だった。20万人対3万人と、呉は圧倒的に不利な状況だったが、呉王は、伍子胥《ごししょ》や孫武（『孫子の兵法』の著者）など優秀な人材を登用することで、大国だった楚を完膚《かんぷ》なきまでに叩きのめしたのだった。

戦いの流れを大解説!!

漢水の東岸に布陣した呉軍

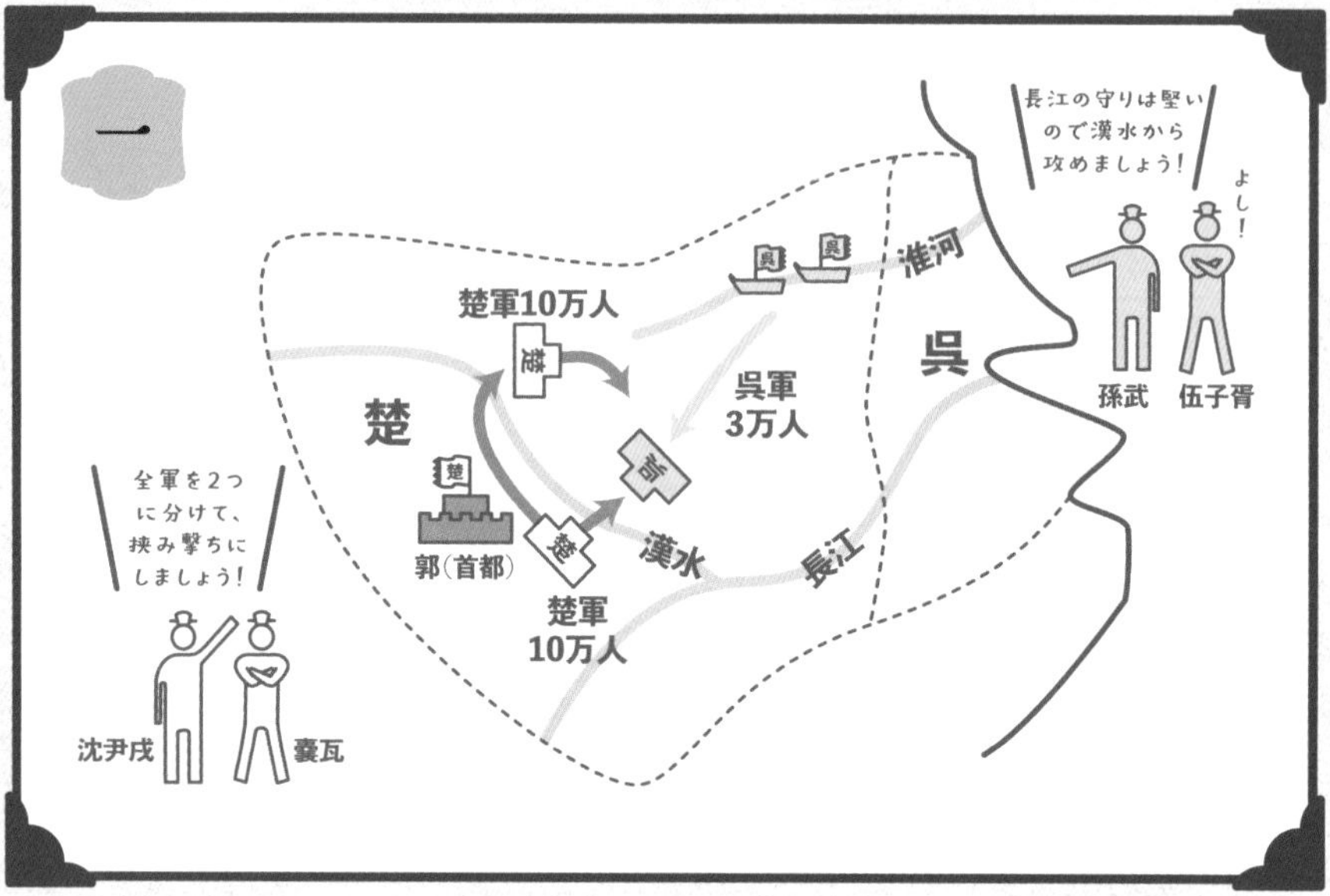
一
長江の守りは堅いので漢水から攻めましょう!
よし!
孫武
伍子胥
淮河
呉
楚軍10万人
楚
呉軍
3万人
呉
楚
郭(首都)
漢水
長江
楚軍
10万人
全軍を2つに分けて、挟み撃ちにしましょう!
沈尹戌
嚢瓦

相手を自在に操る孫武

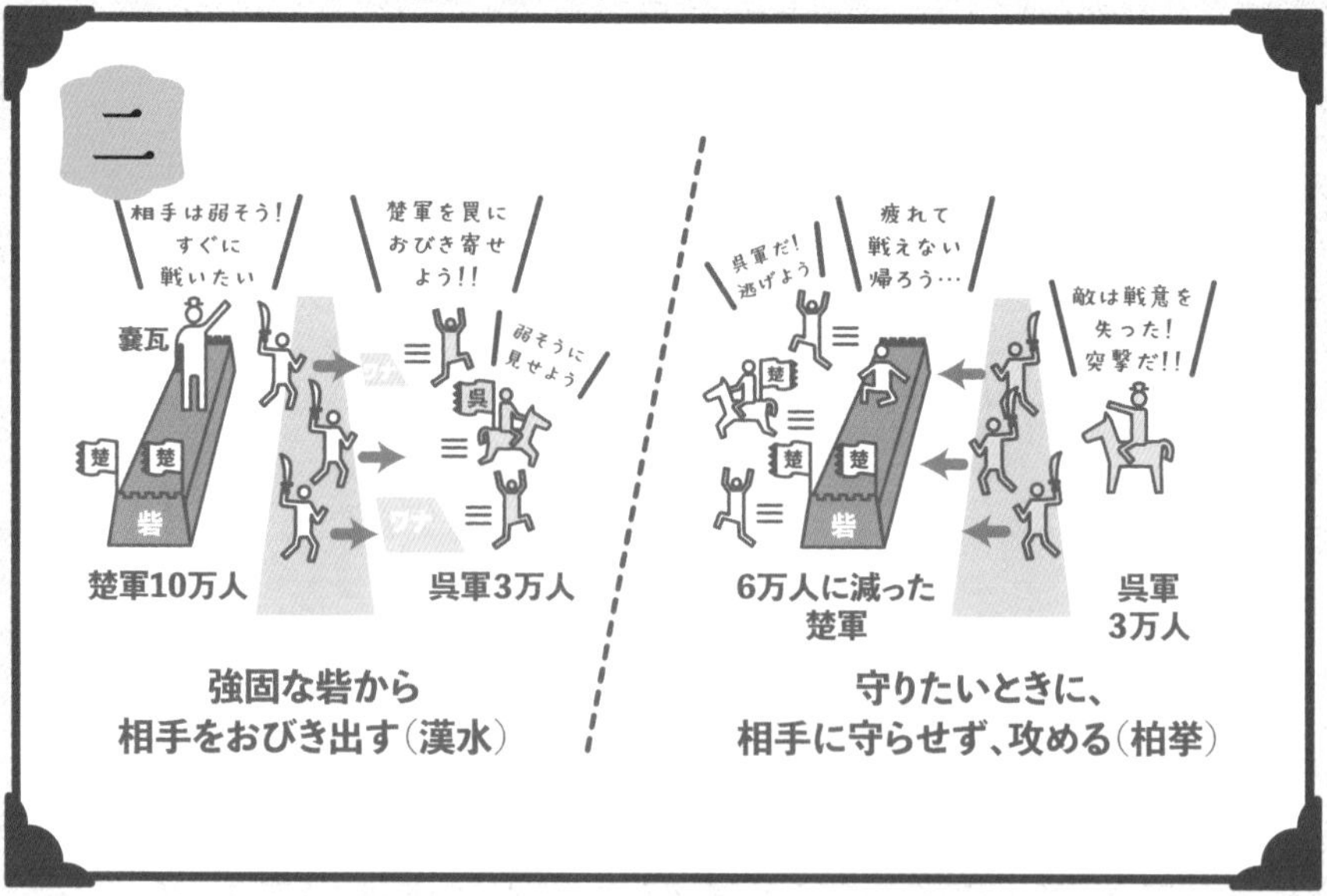
二
相手は弱そう!すぐに戦いたい
楚軍を罠におびき寄せよう!!
嚢瓦
弱そうに見せよう
呉
楚
楚
砦
楚軍10万人
呉軍3万人
強固な砦から
相手をおびき出す(漢水)
呉軍だ!逃げよう
疲れて戦えない帰ろう…
敵は戦意を失った!突撃だ!!
楚
楚
楚
砦
6万人に減った
楚軍
呉軍
3万人
守りたいときに、
相手に守らせず、攻める(柏挙)

走り回った楚の沈尹戌《しんいんじゅつ》の無駄足

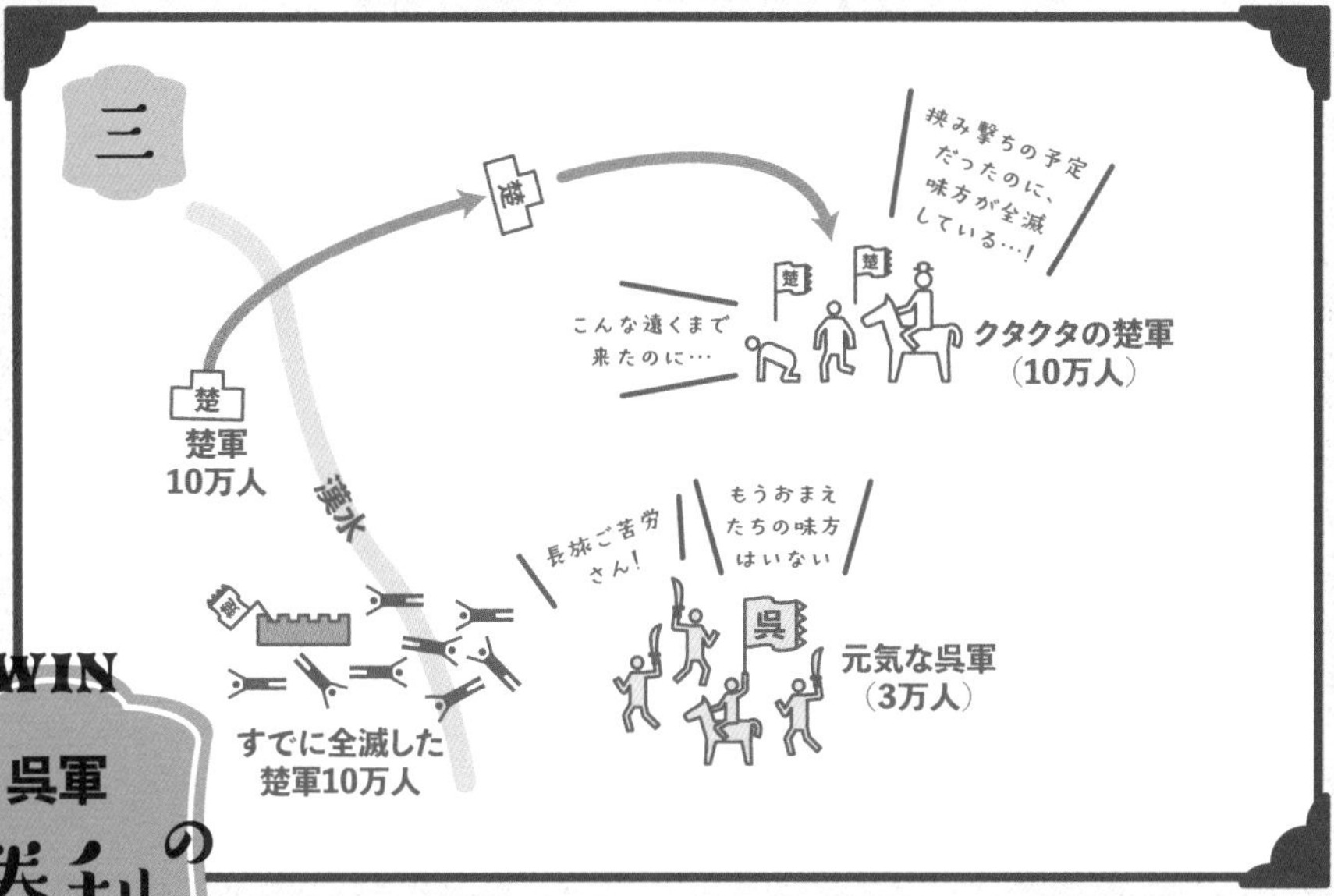
三
楚
楚軍
10万人
漢水
楚
挟み撃ちの予定
だったのに、
味方が全滅
している…！
楚
楚
こんな遠くまで
来たのに…
クタクタの楚軍
（10万人）
すでに全滅した
楚軍10万人
長旅ご苦労
さん！
もうおまえ
たちの味方
はいない
呉
元気な呉軍
（3万人）

WIN
呉軍の勝利

逆転勝利3つのポイント

1. 楚軍は、漢水の西岸（指揮官は嚢《のう》瓦《が》）と東岸（指揮官は沈尹戌）の2つの部隊に分かれた。
2. 西岸の楚軍が川を渡ると勝手に攻撃を開始するが、呉軍に反撃されて敗走。
3. 挟み撃ちのため東岸で大移動した楚軍は疲れ切った状態で呉軍と衝突し、大敗した。

疲れて、正直
戦いどころじゃ
なかったッス…
負け犬の
遠吠え

その後は…

柏挙の戦いは大勝利だったが、呉は祖国の留守を隣国の越に突かれ、楚を完全に滅ぼす前に帰国。呉王は楚への勝利に酔い、浮かれて軽率な戦いを始めた。子の時代に越に負け、紀元前 473 年に呉は滅亡。

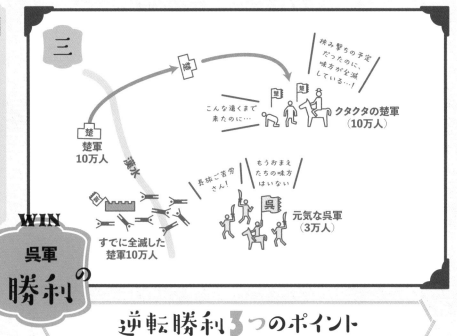

敵の食糧を焼き尽くして大勝利!!

官渡《かんと》の戦い

200年@中国河南省

戦闘が長引き、食料補給が重要になった時点で敵の急所を猛攻した

30万人 vs **4**万人 WIN

袁紹軍（河北） 曹操軍（河南）

時代は、漢の皇帝の権威が落ちた後漢末期。河南の権力者・曹操《そうそう》が後漢の皇帝・献帝《けんてい》を味方にしたことで、河北の権力者・袁《えん》紹《しょう》との対立が激化。戦いの火蓋が落とされる。

袁紹の大軍を前に、官渡城に退避する曹操。曹操は逆転の機会をじっと伺い、ついに反撃に出る。

どうして大逆転できたの？

敵の食糧を燃やして大勝利

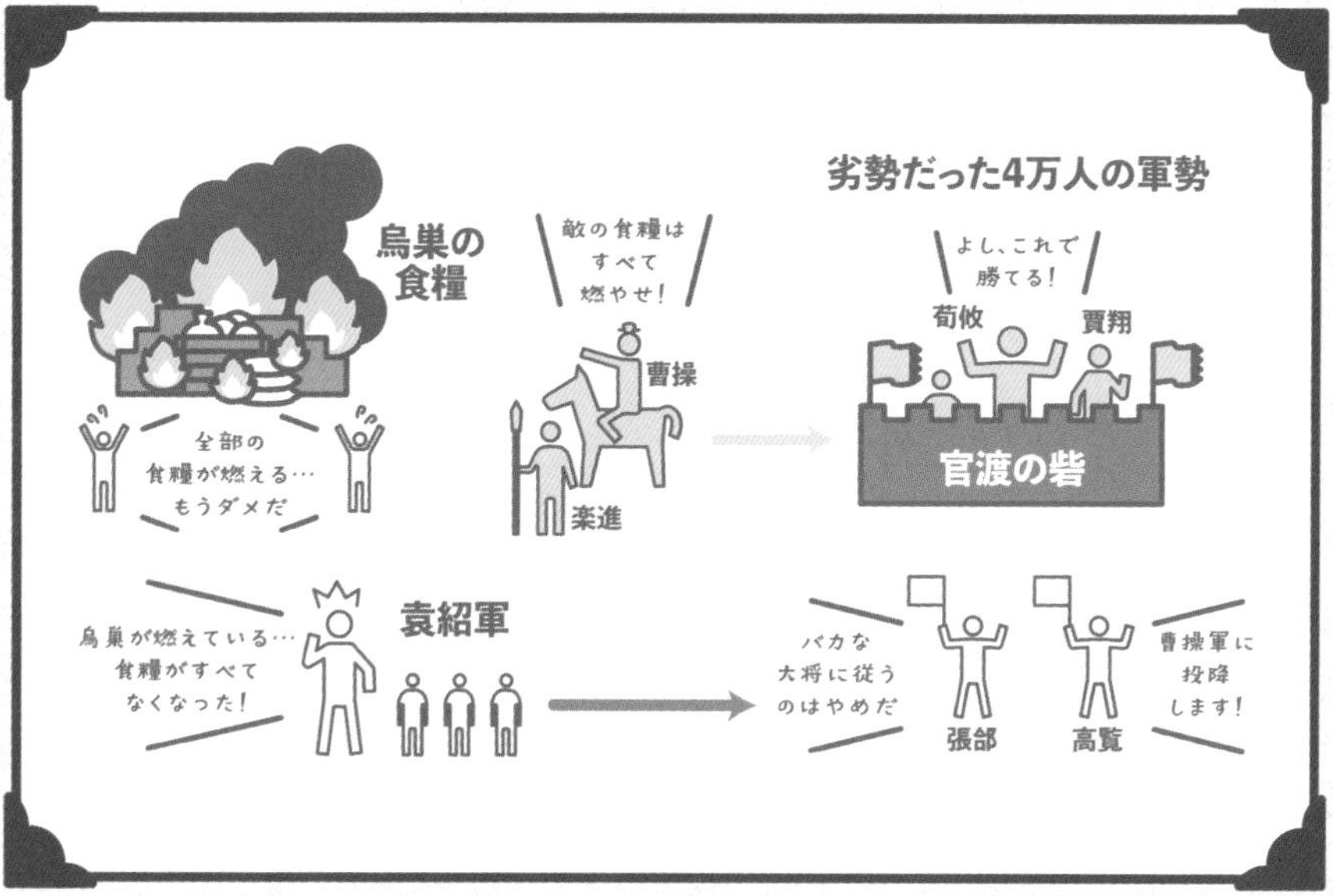
烏巣の食糧
全部の食糧が燃える…もうダメだ
敵の食糧はすべて燃やせ！
曹操
楽進
劣勢だった4万人の軍勢
よし、これで勝てる！
荀攸
賈翔
官渡の砦
袁紹軍
烏巣が燃えている…食糧がすべてなくなった！
バカな大将に従うのはやめだ
曹操軍に投降します！
張郃
高覧

逆転勝利3つのポイント

武将だって食わないと戦えないし!
負け犬の遠吠え

1. 優れた人材を徹底活用できた曹操の柔軟性と決断力、袁紹の優柔不断さの差が出た。
2. 軍団をまとめきれない袁紹への不信感から、袁紹側の将軍・許攸《きょゆう》が裏切り曹操に投降。
3. 許攸が大食糧庫の存在を暴露、曹操軍が急襲して食糧を焼き、袁紹軍を大混乱させた。

その後は…

北方の英雄・袁紹は覇権争いから脱落。自国の混乱に対処しながら 202 年に病死。207 年には後継者だった袁尚・袁熙も殺害され、袁紹陣営は消滅。曹操はその後も成長を続けていき、赤壁の戦いへとつながる。

赤壁《せきへき》の戦い

208年@中国湖北省

北から攻めてきた曹操軍を、
呉軍が長江で撃退した戦い

20万人 VS **5**万人 WIN

曹操軍

連合軍
（呉国＋劉備軍）

袁紹一族を滅ぼし、勢力を拡大した曹操は、中国統一をめざし、南に目を向け侵攻を準備。劉備《りゅうび》を破りながら南下した曹操《そうそう》軍は、呉の孫権《そんけん》に挑戦状を送り、開戦。

呉の孫権が治める南方は独立の気風が強く、北の曹操に屈することを拒絶した魯粛《ろしゅく》・周瑜《しゅうゆ》が主戦論者となり、劉備とも共闘して、曹操と対峙した。

どうして大逆転できたの?

火攻めで曹操軍20万人は火の海に

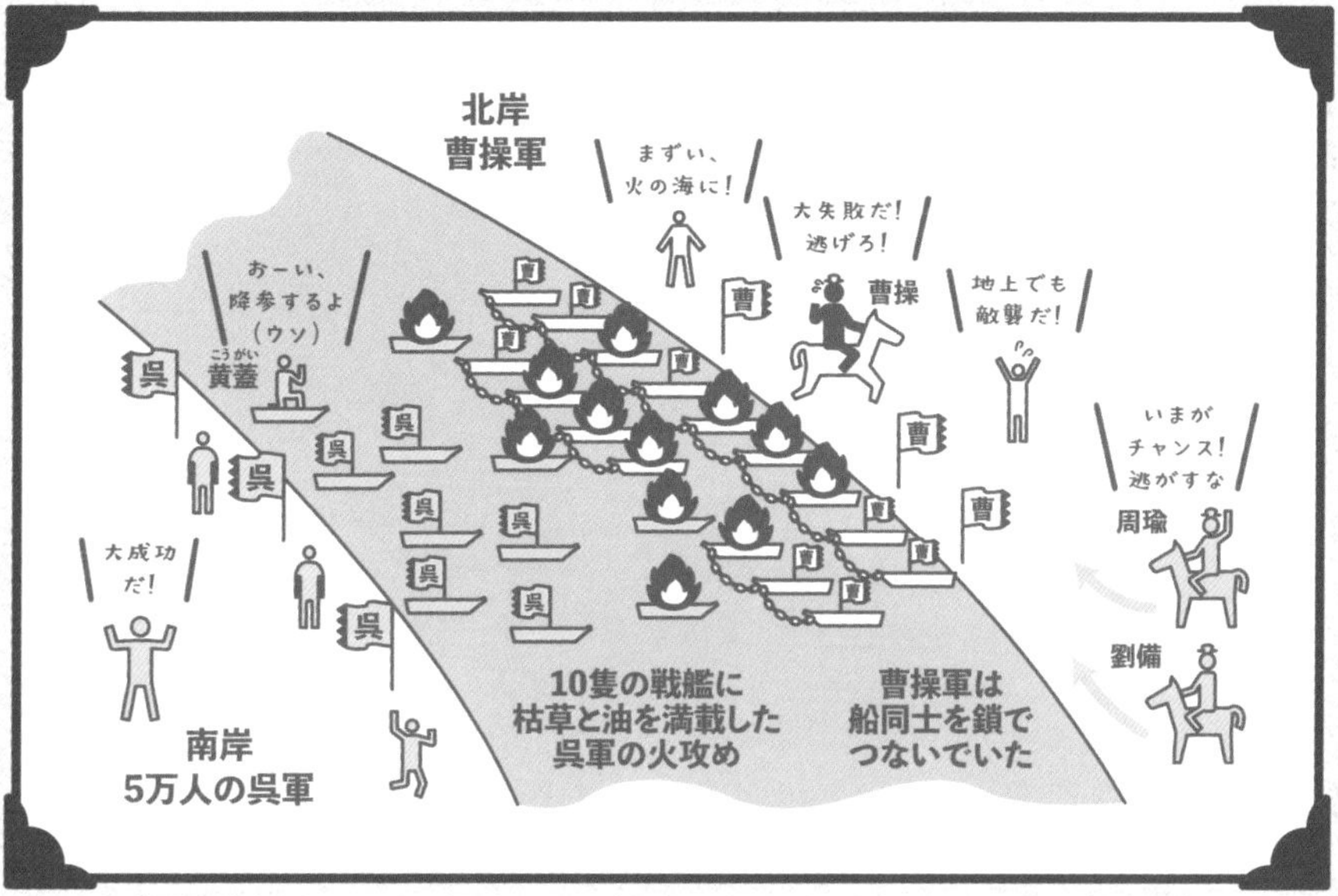
北岸
曹操軍
まずい、火の海に!
大失敗だ! 逃げろ!
曹操
地上でも敵襲だ!
いまがチャンス! 逃がすな
周瑜
劉備
おーい、降参するよ(ウソ)
黄蓋《こうがい》
大成功だ!
南岸
5万人の呉軍
10隻の戦艦に枯草と油を満載した呉軍の火攻め
曹操軍は船同士を鎖でつないでいた

逆転勝利3つのポイント

1. 曹操軍は強いが、船による水上戦闘は不慣れで、疫病にも悩まされた。
2. 呉の孫権と魯粛・周瑜が、呉の陣営を上手にまとめることができた。
3. 長期戦は不利だと判断した呉は、ニセの投降。気をゆるめた曹操軍に火攻めが成功した。

病気の上に火事って、ツラすぎでしょ
負け犬の遠吠え

その後は…

この戦いで敗北した曹操は、中国統一を諦めて魏建国に注力する。赤壁で勝利した側の劉備は、荊州《けいしゅう》を中心として勢力を伸ばして蜀を建国。220年に曹操は死去したが、同年に曹操の子の曹丕《そうひ》が後漢を滅亡させる。

牛牛《モーモー》大作戦で大勝利!!

平家の最盛期を作った平清盛の死去から2年。北陸方面で勢力を拡大していた源氏勢力の木曽義仲を討伐するため、平維盛《これもり》（清盛の孫）を総大将として7万の大軍が発進。この大軍と義仲軍が激突した。義仲軍は、討伐にきた平家軍を打倒し、京都に向けた進軍路を切り開くことを狙っていた。

倶利伽羅峠《くりからとうげ》の戦い

1183年@日本（富山県と石川県の県境）

逃げ道を断崖絶壁に続く道に限定して、
大量の牛で夜襲を仕掛けた

7万人 VS 3万人 WIN

平家軍 / 木曽義仲の源氏軍

どうして大逆転できたの?

暗闇の中で相手をパニックにさせて勝利

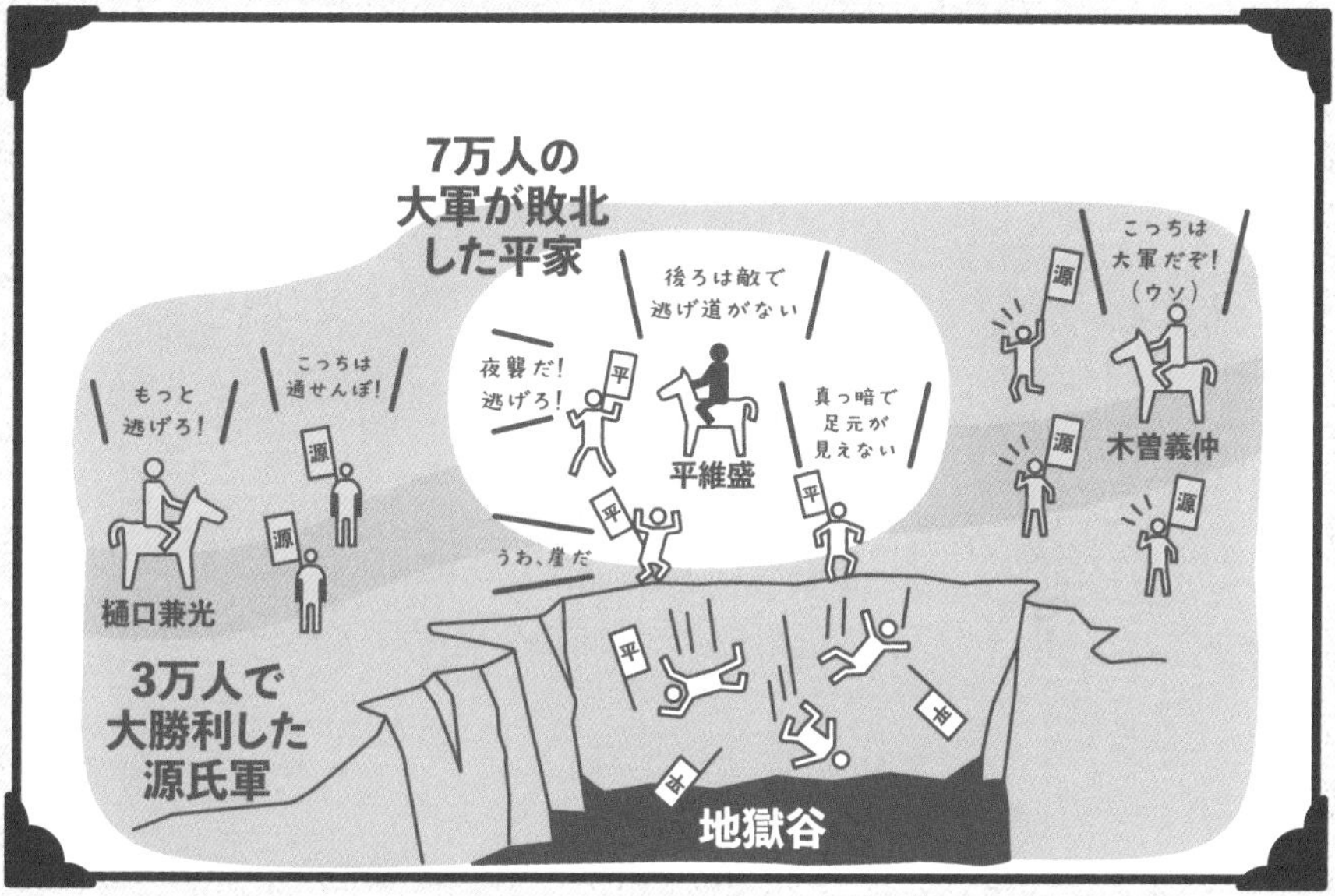
7万人の大軍が敗北した平家
後ろは敵で逃げ道がない
夜襲だ！逃げろ！
真っ暗で足元が見えない
平維盛
うわ、崖だ
もっと逃げろ！
こっちは通せんぼ！
樋口兼光
3万人で大勝利した源氏軍
こっちは大軍だぞ！（ウソ）
木曽義仲
地獄谷

逆転勝利3つのポイント

1. 大軍の有利さを活かせない山間部で、平維盛が自軍を休息させたこと。
2. 木曽義仲軍の結束力と、地形をよく知る有利さを活かした知恵があった。
3. 絶壁に通じる逃げ道以外をふさぎ、松明《たいまつ》をつけた牛で夜襲して相手をパニックにした。

火がついた牛が襲ってくるなんて、モーびっくり…
負け犬の遠吠え

その後は…

この勝利で木曽義仲は京都に向け進軍。平家は7万の軍のほとんどを失い、滅亡を早めた。義仲軍は1183年の夏に京都に入るも、政治的にも治安的にも混乱を生み出して、源頼朝の影響を強めてしまう。

イキる敵を背後からアタックして大勝利!!

厳島《いつくしま》の戦い

1555年@日本(広島県厳島周辺)

厳島におとりの城を建て、
敵の大軍をおびき寄せて撃破!

WIN

2.5万人 VS 5000人

陶軍　毛利軍

中国地方では、出雲側の尼子《あまご》氏、山口側の大内氏、2家に挟まれた毛利家で勢力争いがあった。当初は毛利家と組んでいた大内氏(陶《すえ》氏)だが、毛利の勢力拡大を警戒。1554年に毛利側が厳島を占拠すると、全面対決に。互いに相手の家臣を引き抜くなど謀略を行うが、毛利元就《もとなり》が何枚も上手だった。

どうして大逆転できたの？

5倍の陶軍を効果的に撃退できた厳島の戦い

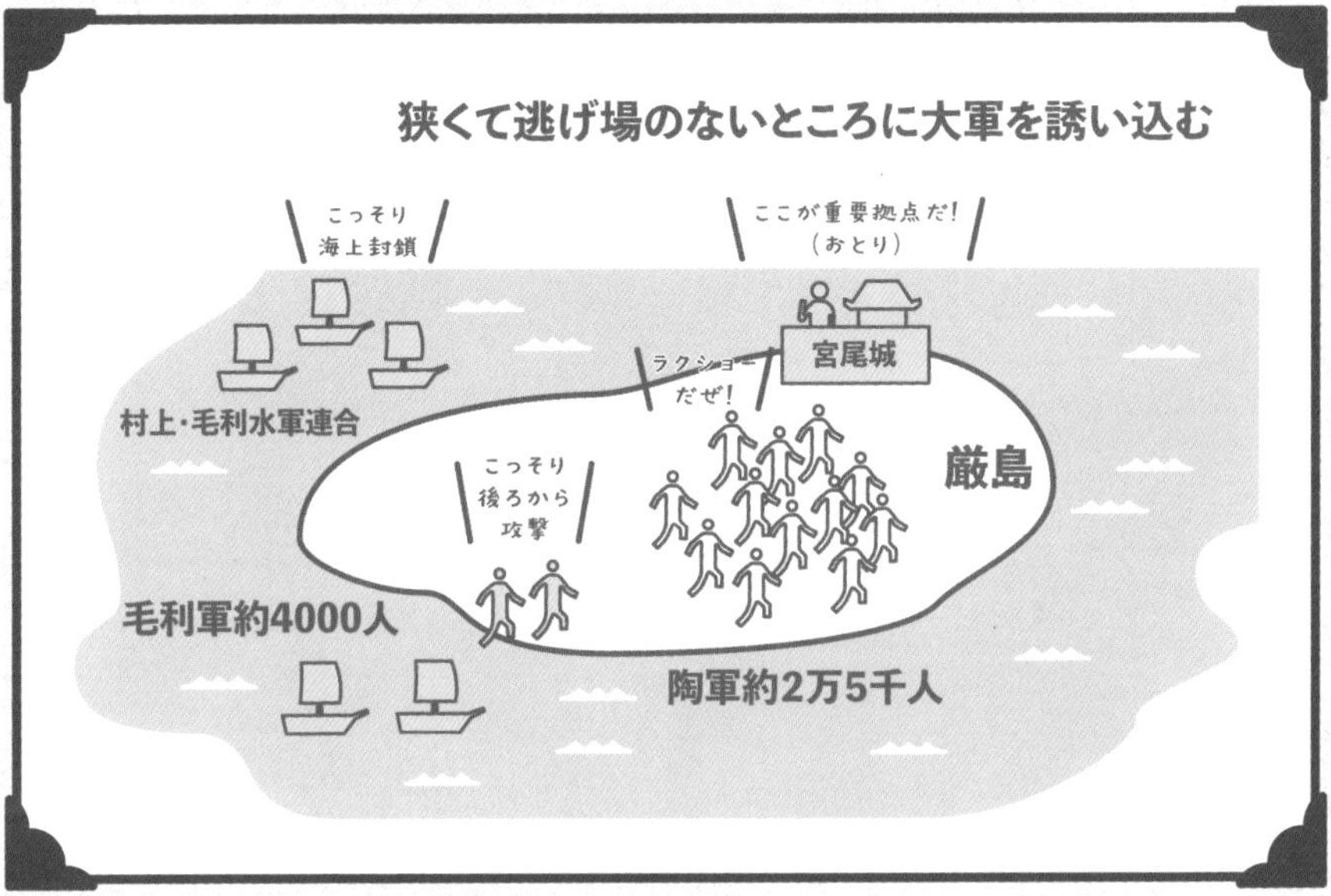
狭くて逃げ場のないところに大軍を誘い込む
こっそり海上封鎖
ここが重要拠点だ！（おとり）
宮尾城
ラクショーだぜ！
村上・毛利水軍連合
こっそり後ろから攻撃
厳島
毛利軍約4000人
陶軍約2万5千人

逆転勝利3つのポイント

1. 厳島が重要拠点だと敵のスパイにわざと話して、陶軍を厳島への攻撃に誘導。
2. 水上戦に強い村上水軍と同盟関係になっておいたことで、海上封鎖を行えた。
3. 厳島の宮尾城（毛利陣営）を攻める陶軍の後ろに回り、後方から奇襲をかけて殲滅《せんめつ》。

村上水軍とも仲良しだなんて、勝てるワケないし
負け犬の遠吠え

その後は…

謀略にめっぽう強い毛利元就の情報戦、機略により、大内氏は滅亡。さらに、1561 年に名将の尼子晴久が死去。元就はその機に尼子氏を攻め、1566 年に尼子氏も滅亡。毛利家が中国地方を統一した大勢力となる。

矢の雨を降らせて大勝利!!

ワールシュタットの戦い

1241年@ポーランド西部

大草原の闘争を勝ち抜いたモンゴル帝国が、欧州騎士団を完全に凌駕した!

ドイツ・ポーランド連合軍		モンゴル遠征軍
2.5万人	VS	2万人 WIN

モンゴル帝国は、2代目皇帝オゴタイの時代に西方への大遠征を行った。侵略の危機に何度も直面していた欧州諸国は連合して対抗を計画。

モンゴル兵の撃退を狙うドイツ・ポーランド連合軍に対し、モンゴル遠征軍は、敵の同盟国兵士が集まる前に壊滅させようとしていた。

どうして大逆転できたの？

おびき寄せて、矢の雨を浴びせたモンゴル軍

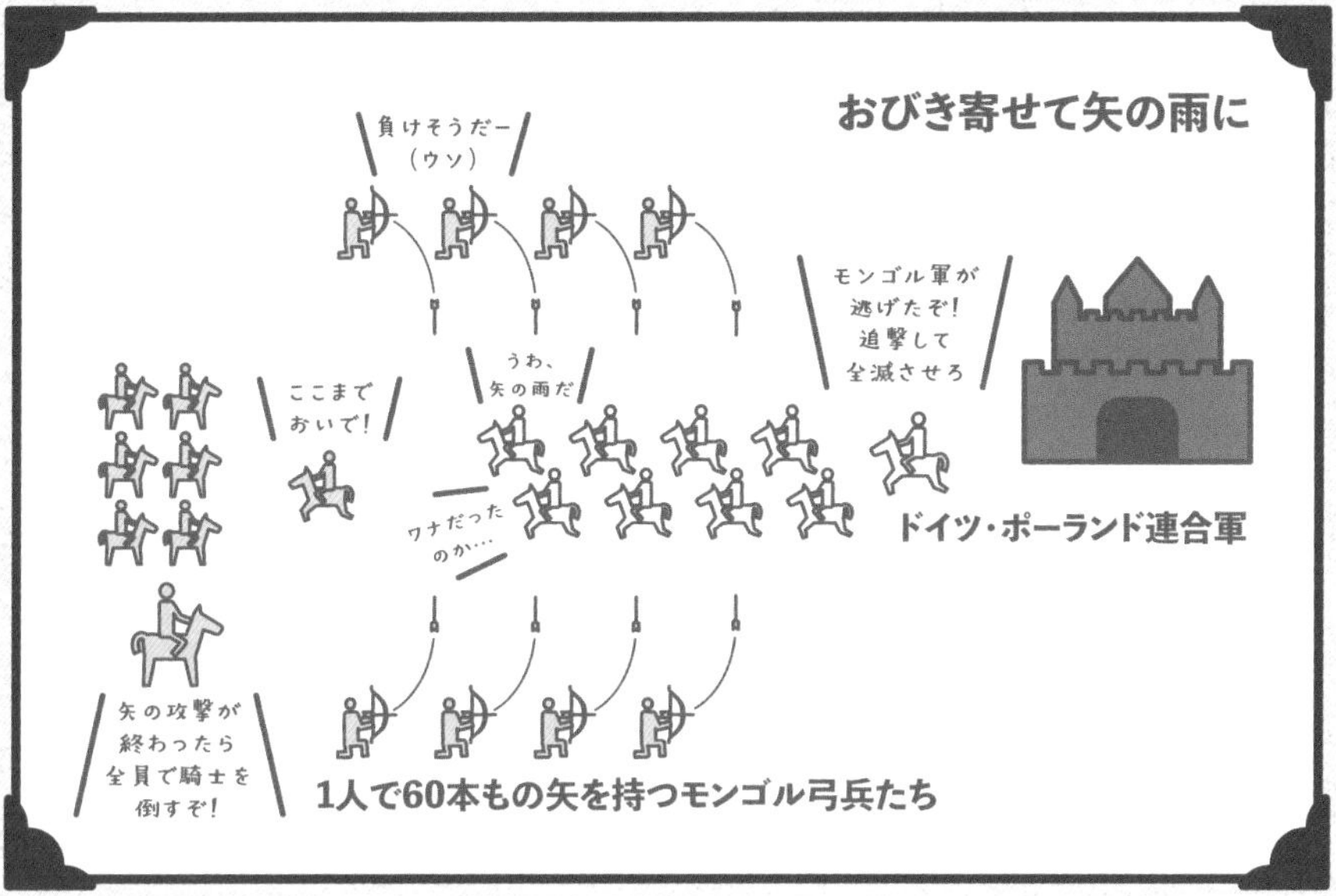
おびき寄せて矢の雨に
負けそうだー
(ウソ)
モンゴル軍が
逃げたぞ！
追撃して
全滅させろ
ここまで
おいで！
うわ、
矢の雨だ
ワナだった
のか…
ドイツ・ポーランド連合軍
矢の攻撃が
終わったら
全員で騎士を
倒すぞ！
1人で60本もの矢を持つモンゴル弓兵たち

逆転勝利3つのポイント

1. モンゴル軍がニセの退却をして、ドイツ・ポーランド連合軍をおびき出した。
2. おびき寄せた敵の騎士団に、モンゴル軍が左右から大量の矢の雨を降らせた。
3. 矢の雨で戦闘不能になった騎士団を、モンゴル重装歩兵が攻撃して殲滅させた。

矢のどしゃ降りは
想定外。
晴れてたのに…
負け犬の
遠吠え

その後は…

軍事的に優れていたモンゴル軍は、この戦いのあとも欧州で連勝を続けた。しかし 1241 年 12 月に皇帝オゴタイが急死したため、遠征軍は急遽本国へ引き上げた。欧州はやっと戦乱からの一時休息を得た。

兵士3倍偽装作戦で大勝利!!

1

1756年に欧州で始まった7年戦争。きっかけは、強国フランス・オーストリアと新興国プロイセンの衝突だった。

フランス・オーストリア連合軍は、プロイセン打倒のため都市ゴータの攻略を実施。少数部隊だけのプロイセン軍は一度撤退して、兵数偽装を計画。連合軍側をパニックに陥れた。

ゴータの戦い

1757年＠現在のドイツ中央部

一度は撤退した都市ゴータを、兵数偽装の奇計で取り戻した戦い

1万人 フランス・オーストリア連合軍 VS 2500人 プロイセン軍 WIN

どうして大逆転できたの?

少ない兵を大軍に見せ、「大軍が来た!」とウワサを流し、相手をパニックに

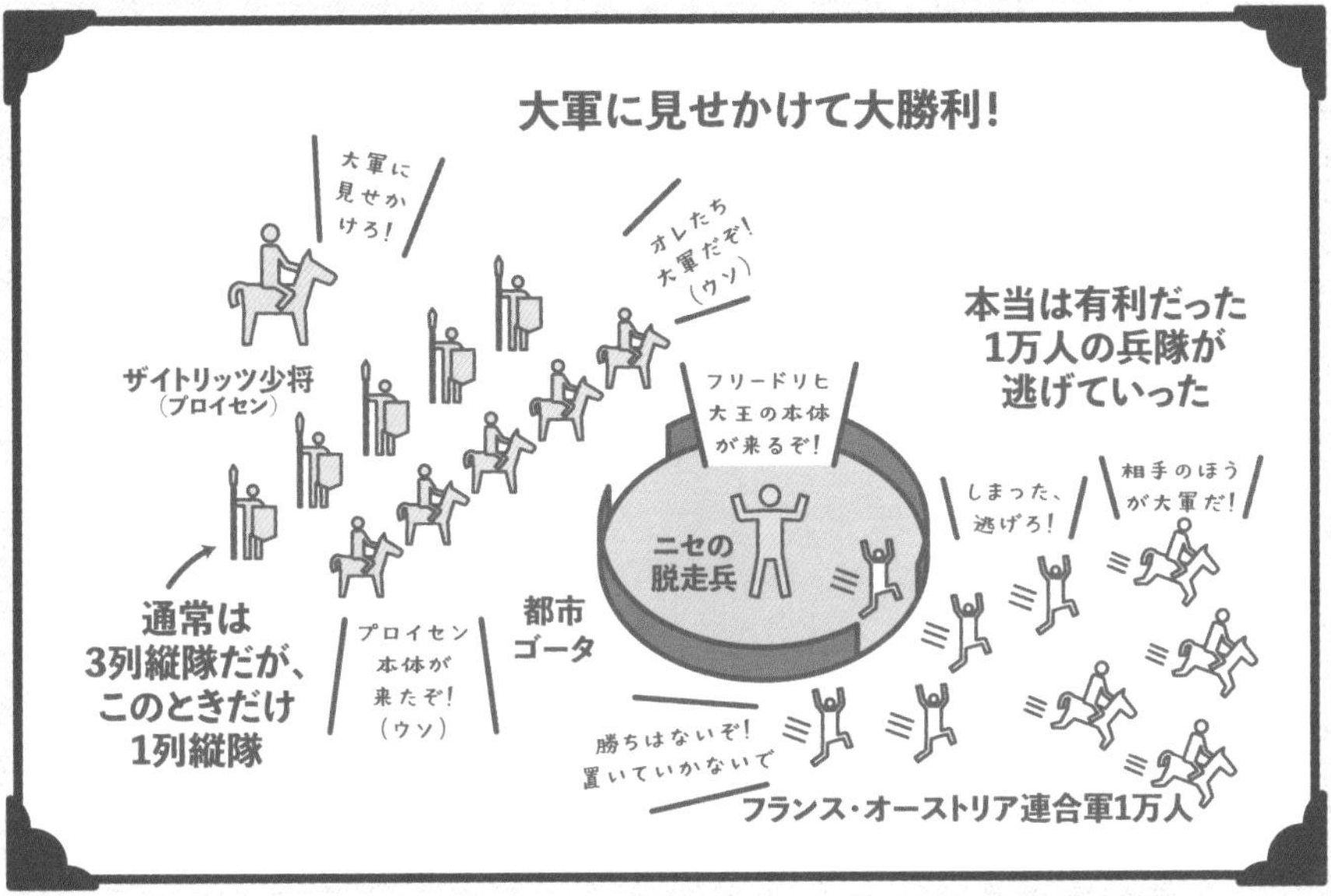
大軍に見せかけて大勝利!
大軍に見せかけろ!
ザイトリッツ少将（プロイセン）
オレたち大軍だぞ!（ウソ）
フリードリヒ大王の本体が来るぞ!
本当は有利だった1万人の兵隊が逃げていった
ニセの脱走兵
しまった、逃げろ!
相手のほうが大軍だ!
通常は3列縦隊だが、このときだけ1列縦隊
プロイセン本体が来たぞ!（ウソ）
都市ゴータ
勝ちはないぞ!置いていかないで
フランス・オーストリア連合軍1万人

逆転勝利3つのポイント

1. プロイセン軍が4倍の敵に気づき、早期にゴータ撤退を決断できたこと。
2. プロイセン軍の指揮官ザイトリッツが、騎兵戦闘の達人だったこと。
3. ニセの脱走兵をつくり上げて、情報を敵に広げながら兵数偽装の工作をしたこと。

向こうの兵士、めっちゃ少ないやん…
負け犬の遠吠え

その後は…

両軍は一進一退を続けて戦争を継続。他の国が参戦して混乱が深まり、プロイセンに金銭的な援助を続けたイギリスは海外でフランスの植民地を多数奪うことに成功。プロイセン側が1763年に勝利。

ウソの弱点で誘い、包囲して大勝利!!

あっちだ!

アウステルリッツの戦い

1805年@現在のチェコ共和国

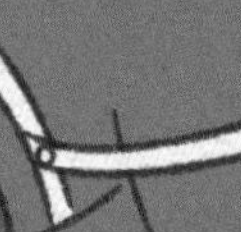
成り上がりの、こわっぱめ!

8万人
ロシア連合軍

VS

7万人
フランス(ナポレオン)軍

WIN

吾輩の力、見せつけてくれる!

わざと弱みを見せて、敵をそこに向かわせ、敵の兵力を分断した!

現在のチェコ共和国。フランス革命後、軍人から皇帝になったナポレオンは絶頂期だった。だが、オーストリア皇帝、ロシア皇帝は革命の余波を嫌い、衝突することとなる。

フランスと敵対するイギリスとオーストリア皇帝、ロシア皇帝が同盟。ナポレオンへの敵愾《てきがい》心と報復のため、オーストリアはバイエルンに進軍した。

ナポレオンはドイツ地方からオーストリアの影響を排除するべく、ドイツ諸侯をフランスの従属国にすることを狙っていた。一方でオーストリアとロシアは、ナポレオンの狙いを失敗に終わらせ、フランス革命の盛り上がりを鎮火させることを目論んでいた。

戦いの流れを大解説!!

右翼が弱く見えるよう、敵にワナをしかける

一
右翼を弱点に
見せて敵を
誘うぞ
ナポレオン
7万人の軍
ランヌ
ベルナドット
スルト
ナポレオン
タヴー軍
バグラチオン軍
オーストリア軍
ロシア軍
ナポレオン軍は
右翼が弱い。
すぐに攻撃
しよう
よし、やって
やれ!
オーストリア皇帝
フランツ1世
ロシア皇帝
アレクサンドル1世
8万人の軍

ワナにかかったオーストリア軍を、包囲攻撃

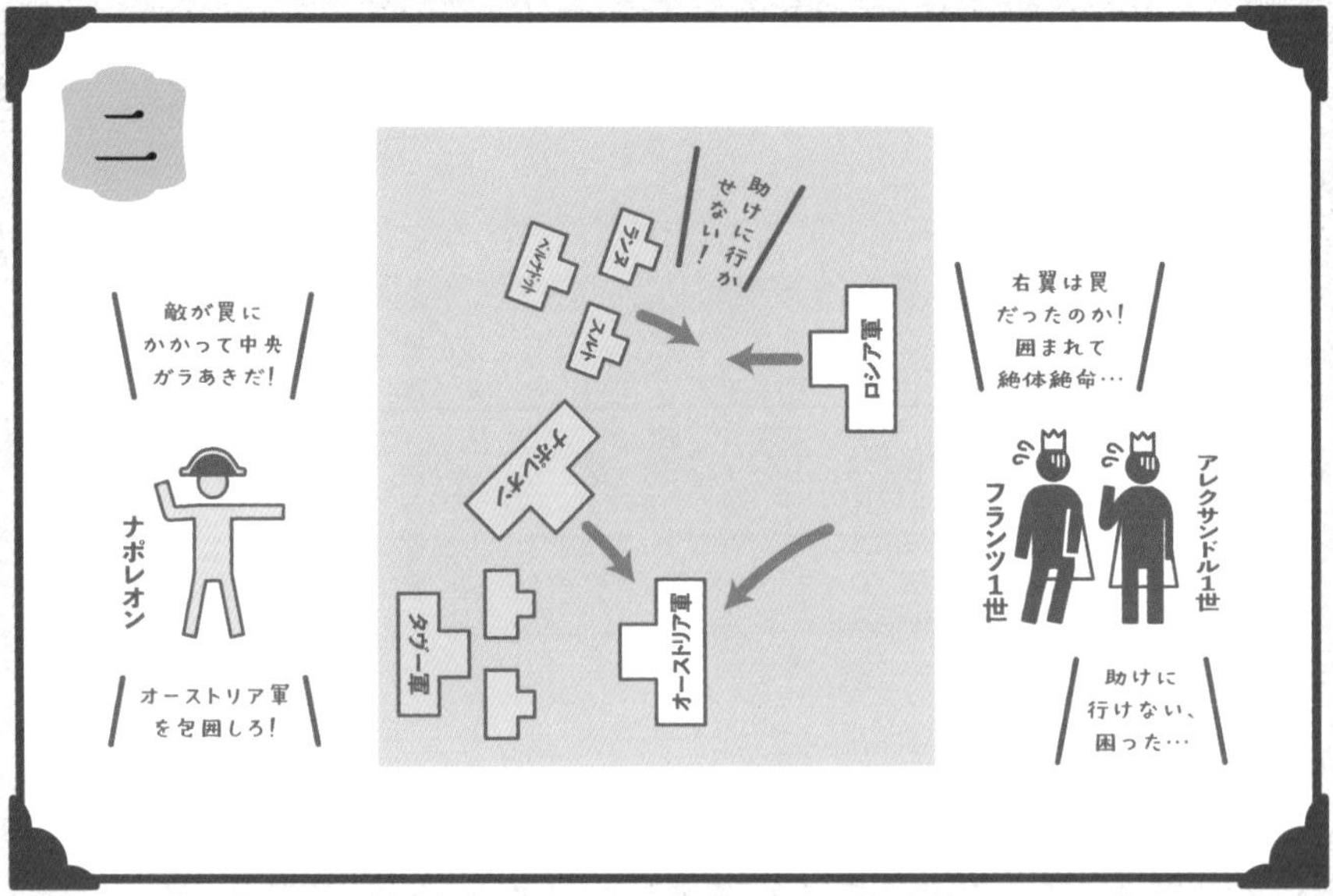
二
敵が罠に
かかって中央
ガラあきだ!
ナポレオン
オーストリア軍
を包囲しろ!
ベルナドット
ランヌ
助けに行かせない!
スルト
ロシア軍
ナポレオン
タヴー軍
オーストリア軍
右翼は罠
だったのか!
囲まれて
絶体絶命…
フランツ1世
アレクサンドル1世
助けに
行けない、
困った…

大軍を分断・撃破したナポレオン

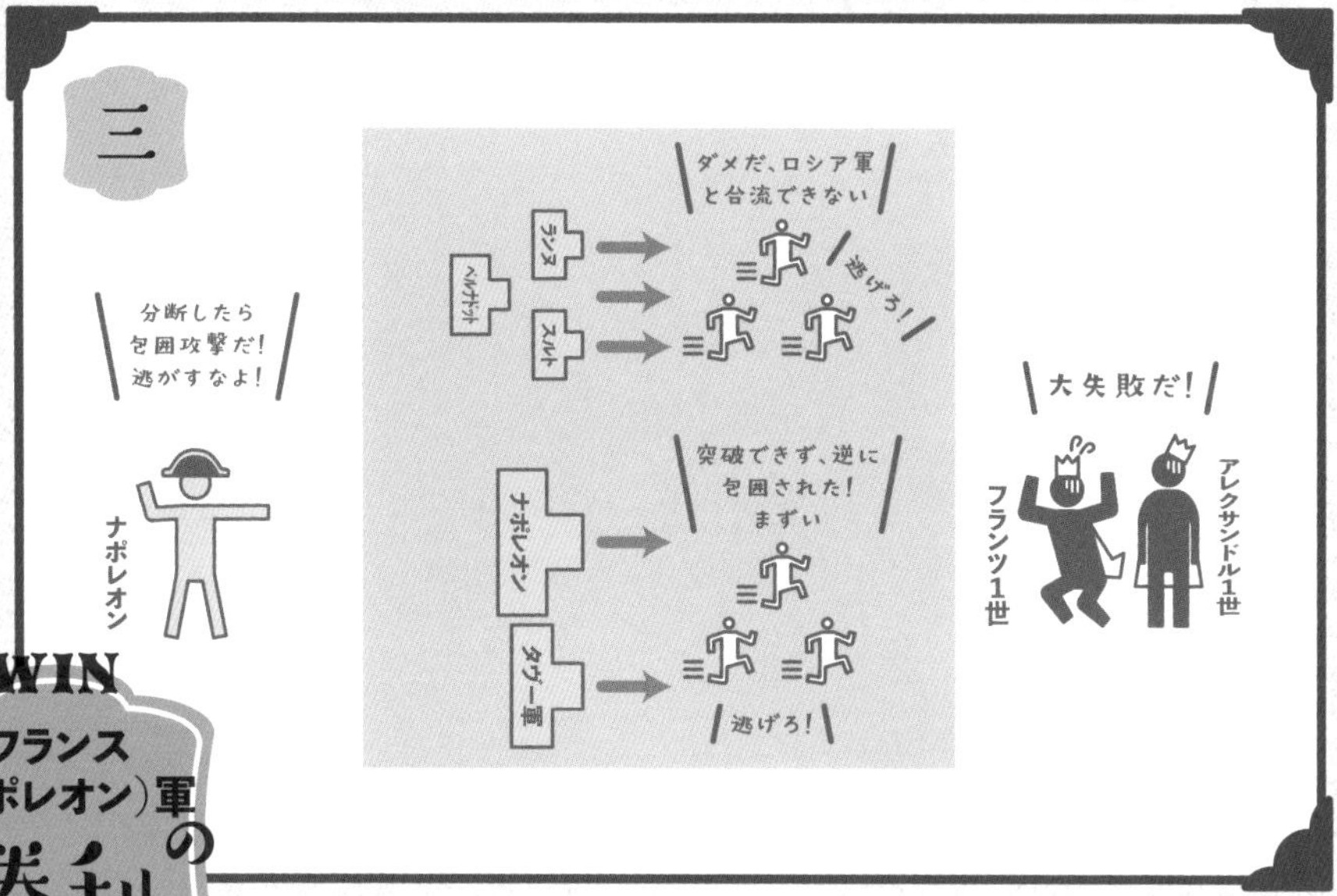
三
分断したら
包囲攻撃だ!
逃がすなよ!
ナポレオン
ランヌ
ベルナドット
スルト
ダメだ、ロシア軍
と台流できない
逃げろ!
ナポレオン
ダヴー軍
突破できず、逆に
包囲された!
まずい
逃げろ!
大失敗だ!
フランツ1世
アレクサンドル1世

WIN
フランス
(ナポレオン)軍の
勝利

逆転勝利3つのポイント

1. ナポレオンが古代からの戦闘戦術を研究し熟知していた。
2. 右翼が弱く見えるように、ナポレオンがワナを仕掛けた。
3. ロシア皇帝が老将軍クツーゾフに突撃を命令し、敵のワナにはまってしまった。

ウソつくなんて、
あんまり
だァァ～～
負け犬の
遠吠え

その後は…

兵数で有利なオーストリアとロシアの連合軍は、フランス軍とナポレオン軍に敗北。第 3 次対仏大同盟はオーストリアの脱落で崩壊。この戦いはナポレオンの支配をさらに強化した。しかし、その後 1812 年にフランスはロシア遠征で大敗し、2014 年にナポレオンは皇帝を退位。

ニセの情報を流して大勝利!!

カレー
カレーに大軍が来るんだって!

ノルマンディー上陸作戦

WIN

1944年@ヨーロッパ

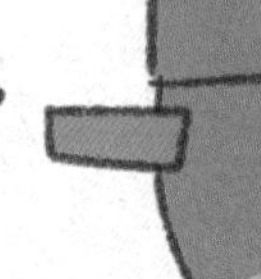
わがドイツ軍の力は世界一ィィィ!!

40 ドイツ軍

vs

17 イギリス・アメリカ連合軍

チョーシ乗っとけ

ニセの情報をわざと流して、相手に守る場所を絞らせない

アホだねー
英国
ねらいは
こっち♡
ノルマン
フランス

作戦が行われたのは、現在のフランス・ノルマンディー地方。イギリスと海峡をはさんで対峙する場所。第2次世界大戦中の当時、フランスはヒトラー率いるドイツ帝国に占領されていた。

東部のソ連はドイツ帝国の猛攻撃にさらされており、ソ連はイギリスなどの連合軍に対し、西部でドイツへの攻撃を依頼。ノルマンディー上陸作戦が始まる。

イギリス・アメリカ連合軍は、この作戦でドイツのソ連戦線を混乱させ、さらにフランス解放も目指した。ドイツは、この上陸作戦を叩きのめして、フランス奪回を諦めさせることを狙い、海岸を要塞化していたのだった。

戦いの流れを大解説!!

上陸作戦の不利を覆す

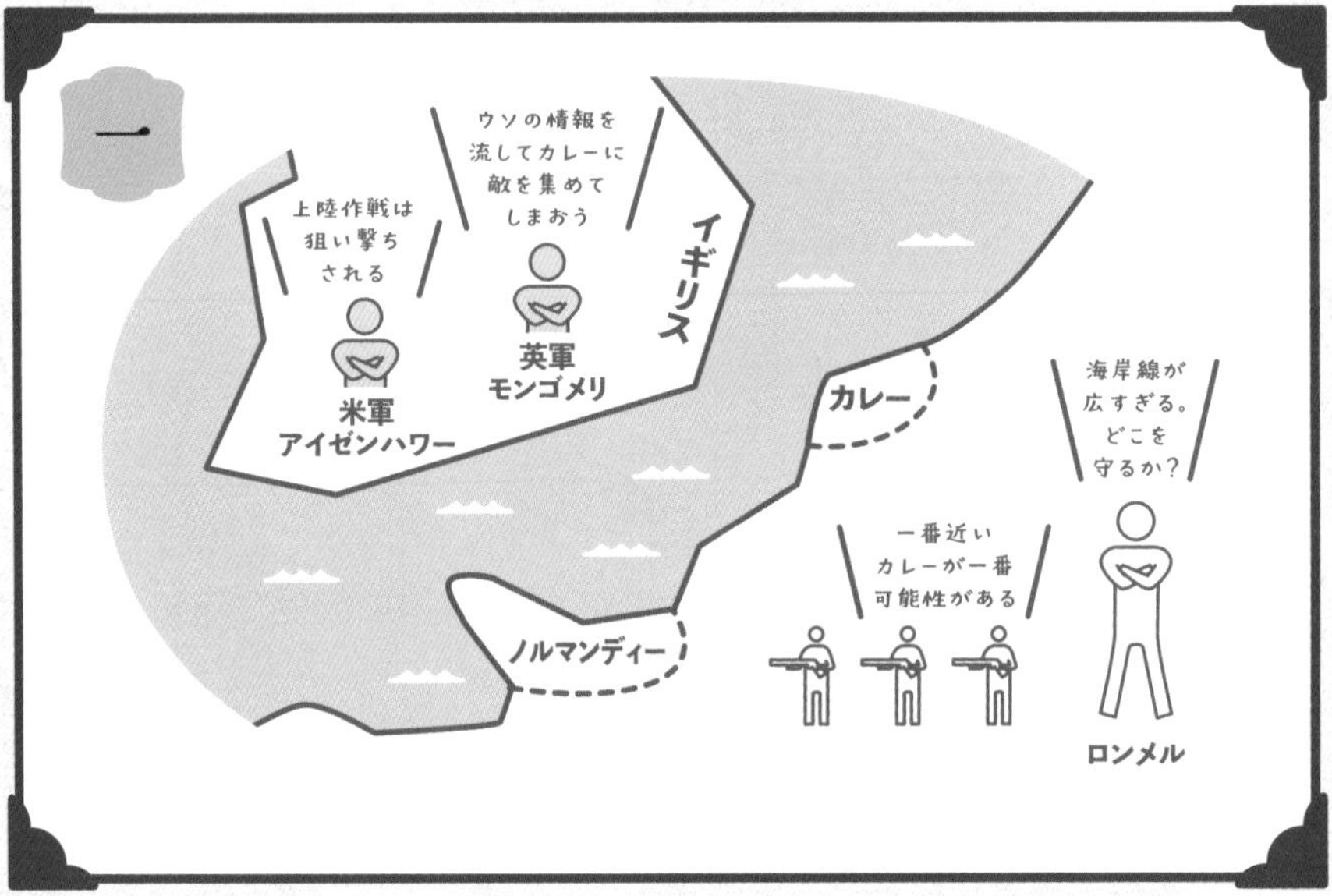

一
上陸作戦は狙い撃ちされる
ウソの情報を流してカレーに敵を集めてしまおう
米軍
アイゼンハワー
英軍
モンゴメリ
イギリス
カレー
海岸線が広すぎる。どこを守るか？
一番近いカレーが一番可能性がある
ノルマンディー
ロンメル

カレー地方攻撃のニセ情報で敵を動かす

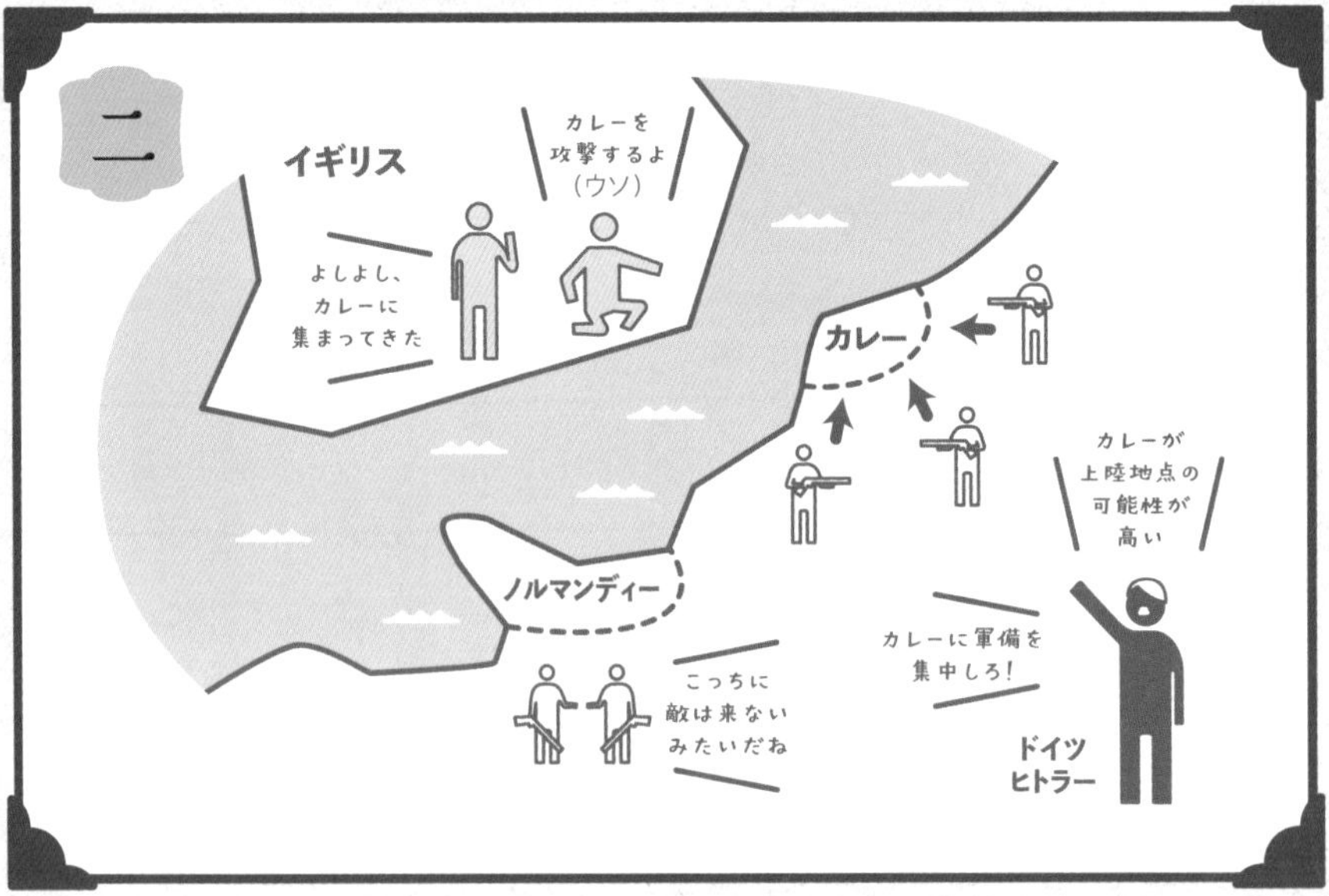

二
イギリス
カレーを攻撃するよ(ウソ)
よしよし、カレーに集まってきた
カレー
カレーが上陸地点の可能性が高い
ノルマンディー
カレーに軍備を集中しろ！
こっちに敵は来ないみたいだね
ドイツ
ヒトラー

連合軍の一斉攻撃で勝利

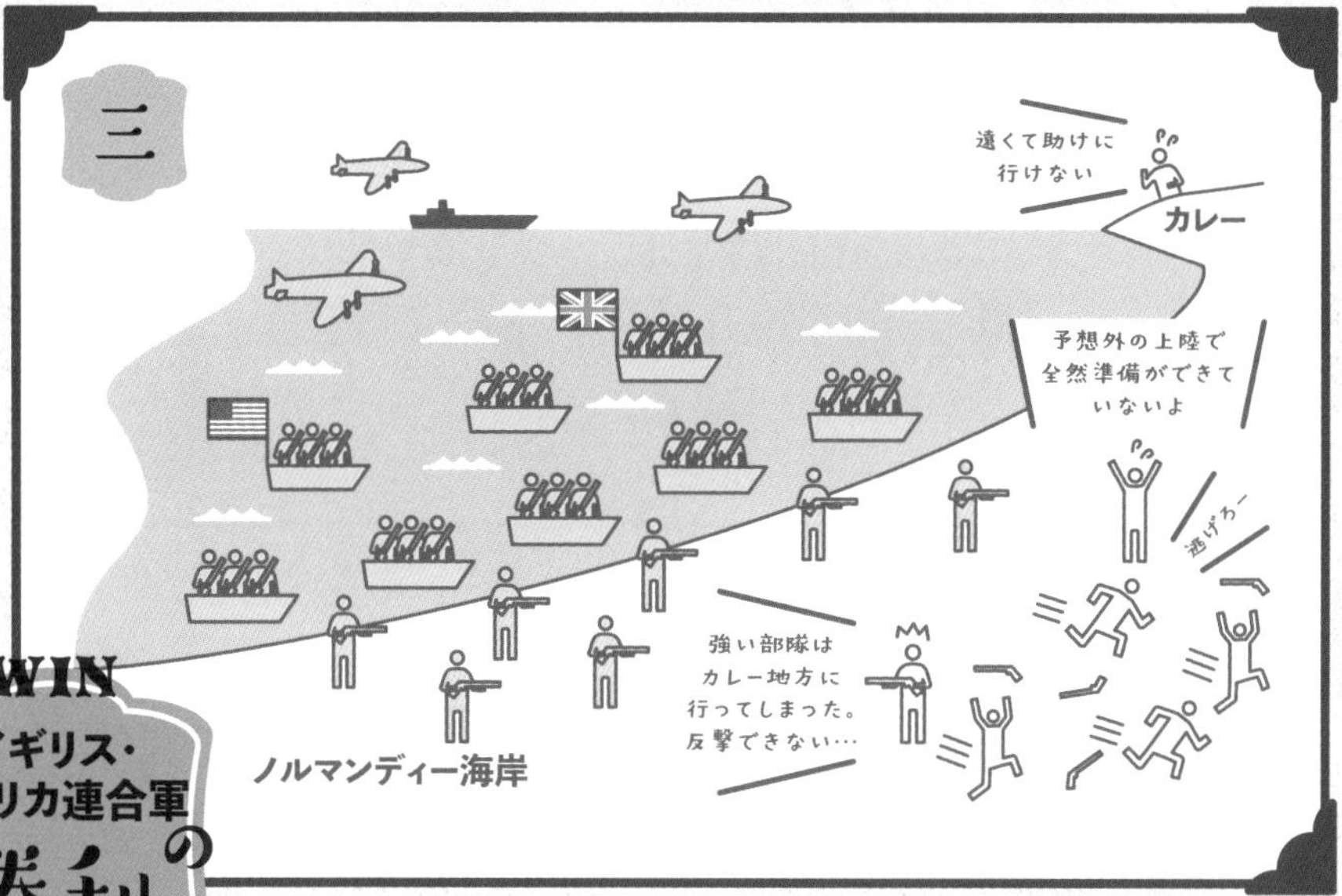
三
遠くて助けに行けない
カレー
予想外の上陸で全然準備ができていないよ
逃げろー
強い部隊はカレー地方に行ってしまった。反撃できない…
ノルマンディー海岸

WIN
イギリス・アメリカ連合軍の勝利

逆転勝利3つのポイント

1. イギリスのリデル・ハートにより、間接的に相手を弱体化させる戦略が確立した。
2. 「大部隊が上陸する！」というニセの情報作戦で、ドイツ軍を撹乱。
3. ノルマンディー上陸後も、実在しない部隊のカレー侵攻をちらつかせて、ドイツ軍を釘付けに。

負け犬の遠吠え

何回もだまされて、ワケがわからなくなった…

その後は…

連合軍はドイツの暗号も解読しており、ドイツは劣勢を続ける。1944年8月、ドイツの占領からパリ解放。ソ連からの攻勢にも押されてヒトラーは自殺し、1945年5月、ついにドイツが降伏した。

「24時間営業」のジムで同業他社の度肝を抜いて勝利！

大逆転の戦いで、相手をパニックにさせて勝利したケースはたくさんあります。なぜ、相手をパニックにさせることが重要なのか？　理由は、戦いの効率が極端によくなるからです。相手が十分に備えている状態への攻撃は、とても非効率です。予想できる攻撃に、相手は最大限の抵抗を試みます。相手（同業他社）をパニックにすることは、「抵抗への準備」「抵抗する力・反撃する力」を極端に弱めてくれます。フィットネス業界では近年、24時間営業の新しい業態のジムが急増しています。全世界に4千店舗以上を展開するエニタイムフィットネス（日本でも1千店舗を超えた）や、サービス開始からわずか1年で500店舗を越えたchocoZAPも24時間の無人ジムを展開して急成長しています。

気軽にいつでも、短時間でもジムを利用できる手軽さと、専門ジムとは異なる低料金が人気の理由。しっかりしたジムに通い、時間をかけて体を動かすほどの熱意はなくとも、手軽に運動したい新しい消費者を引き付けています。きちんとした施設を持つジムでは実現できない「低価格、24時間営業」というマネが不可能な新業態の選択が、新企業の大躍進を支えているのです。

CHAPTER 2

自軍が不利であれば、地形や城・陣地を利用して、敵を攻めにくくさせるのも有効な手立ての1つ。第2章では場所を利用して勝利を得たさまざまな戦いを見ていきます。

【場所】を利用して大勝利!!

包囲して、空腹で弱らせて大勝利!!

アレシアの戦い

紀元前52年@現在のフランス

WIN

ウェルキンゲトリクスのガリア軍	vs	カエサルのローマ軍
25万人	vs	6万人
崩せるものなら、崩してみろ!		フッ、正攻法でいくバカはおらん

先んじて包囲陣を構築し、4倍の敵兵を近づけさせなかった

現在のフランス東部、ガリア人の古代都市アレシアを舞台に戦いが起こる。この時期は、ローマが欧州全域に領土を広げていく過程の時代であり、ローマ共和制の最後の時代だった（のちに帝政へ）。

当時、ガリア地域（現在のフランス）に居住するガリア人が、北方のゲルマン人に圧迫されて南下。領土が拡大していくローマとの紛争が絶えなかったことが大きな背景となった。

カエサルの率いるローマ軍は、ガリア地域の支配権をより強固にするために遠征する。ガリア人の諸部族は、ゲルマン人の圧迫もあり、諸部族の生存権と自由のためにローマ軍と戦った。

戦いの流れを大解説!!

猛進でも傍観でもなく、先回りする

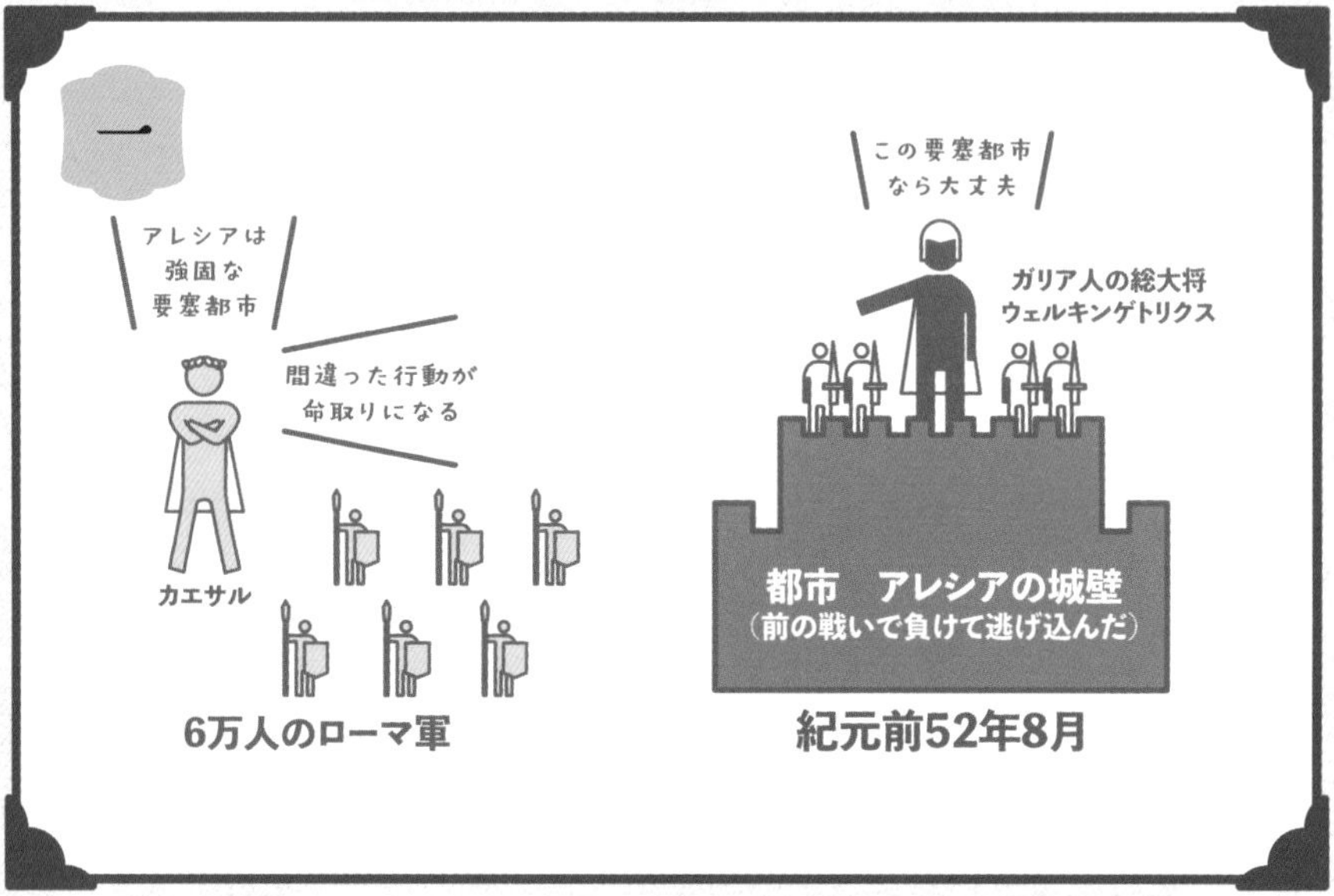

一
アレシアは強固な要塞都市
間違った行動が命取りになる
カエサル
6万人のローマ軍
この要塞都市なら大丈夫
ガリア人の総大将ウェルキンゲトリクス
都市　アレシアの城壁
（前の戦いで負けて逃げ込んだ）
紀元前52年8月

下手に攻めるより、兵糧攻めで相手が弱るのを待つ

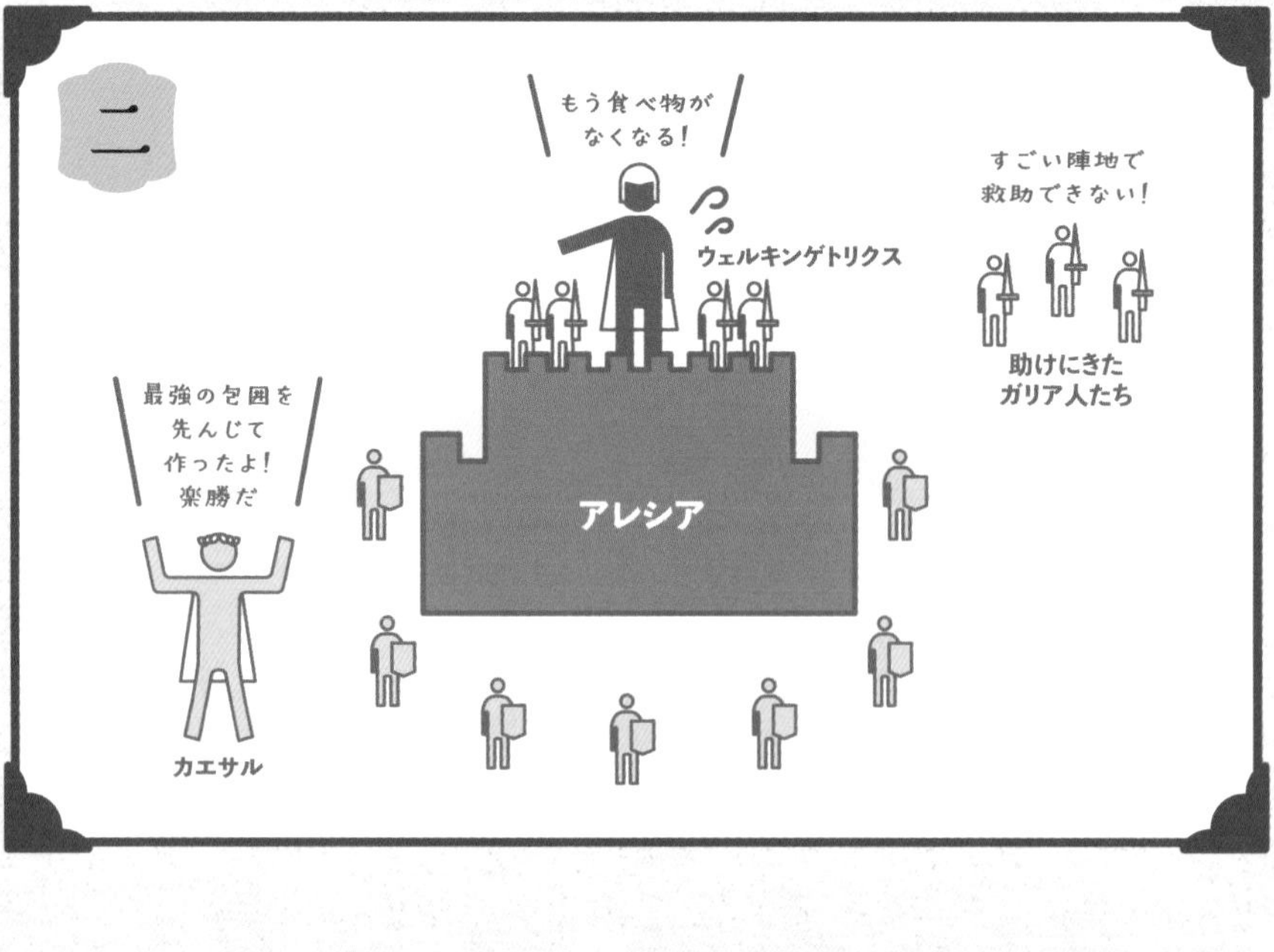

二
もう食べ物がなくなる！
ウェルキンゲトリクス
すごい陣地で救助できない！
助けにきたガリア人たち
最強の包囲を先んじて作ったよ！楽勝だ
カエサル
アレシア

ガリア人総大将の降伏と仲間の命乞い

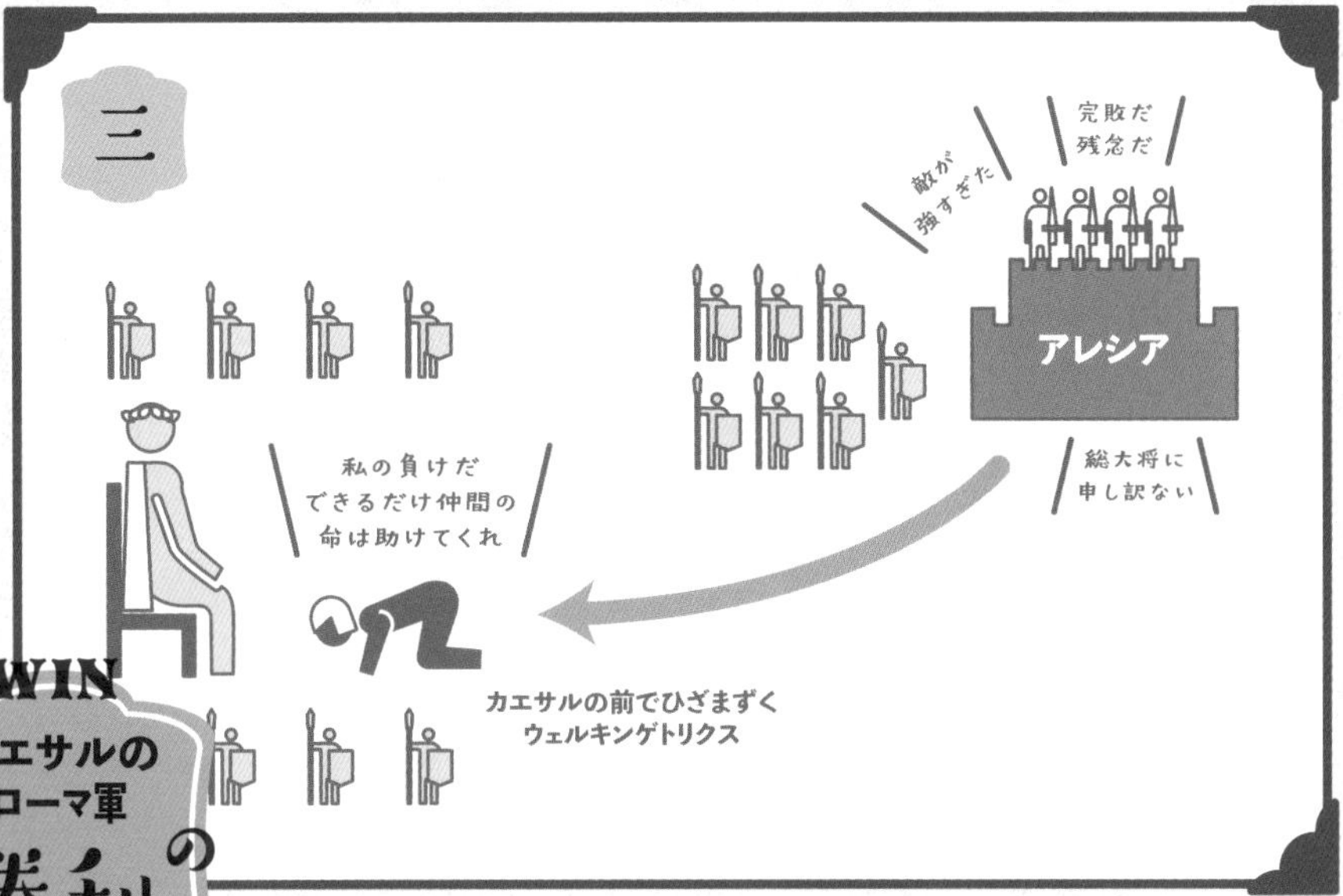
三
敵が強すぎた
完敗だ
残念だ
アレシア
総大将に
申し訳ない
私の負けだ
できるだけ仲間の
命は助けてくれ
カエサルの前でひざまずく
ウェルキンゲトリクス

WIN カエサルのローマ軍の勝利

逆転勝利3つのポイント

1. 最高の軍事指揮官であるカエサルがローマ軍を率いていたこと。
2. 敵の逃げ込んだアレシアが攻めるのに難しい城だと気づき、包囲したこと。
3. ガリア人の総大将を助けるために大軍がくると予測、強固な包囲陣を先に築いたこと。

腹ペコで、正直
戦いどころじゃ
なかった

負け犬の遠吠え

その後は…

ガリア人諸部族から選ばれたリーダーであるウェルキンゲトリクスが敗北したことで、ガリア人連合は解体。ウェルキンゲトリクスは6年間ローマで監禁されたあと処刑される。その2年後にカエサルが暗殺されて、ローマ共和制の時代が終わった。

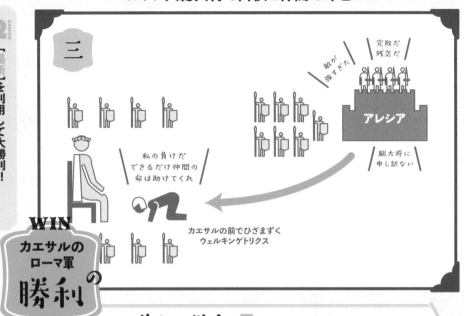

わら人形作戦で大勝利!!

千早城《ちはやじょう》の戦い

1333年@日本（大阪府南河内郡）

2年前の敗北を分析。負ける要因を徹底排除した末の大勝利

WIN

2.5万人 VS 1000人

鎌倉幕府軍 ／ **楠木正成の軍（天皇側）**

天皇側の武将、楠木正《まさ》成《しげ》が赤坂城・千早城を拠点に、大阪周辺で活動して天皇側勢力を急拡大した。これに危機感をおぼえた鎌倉幕府は攻撃を計画。

大軍で向かった幕府軍側は、千早城が山上にあるため、包囲戦で簡単に全滅させられると考えていたが、楠木正成はゲリラ戦の天才だった……！

どうして大逆転できたの？

天才的な戦略で効果的な時間稼ぎができ、倒幕側が有利に

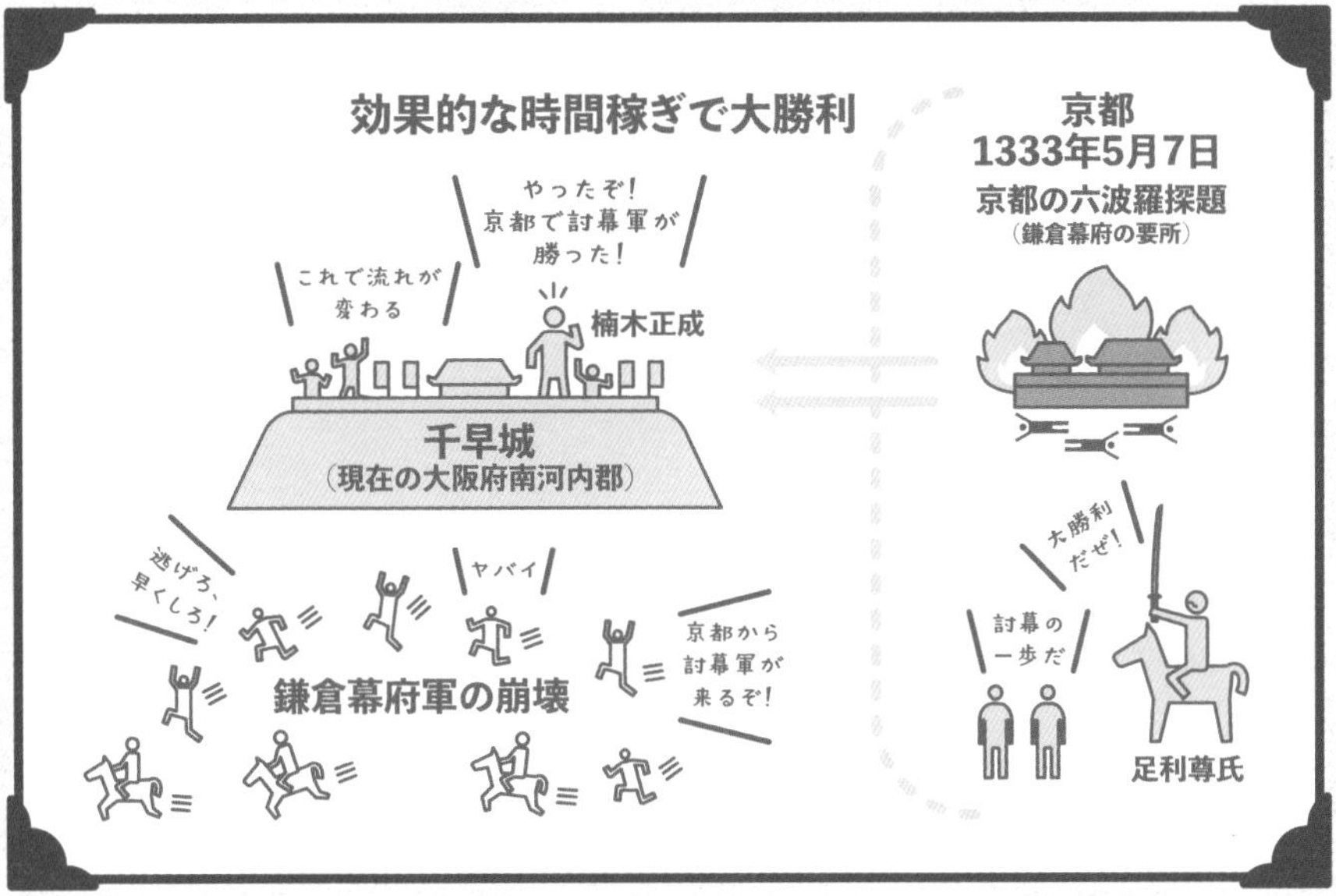
効果的な時間稼ぎで大勝利
やったぞ！京都で討幕軍が勝った！
これで流れが変わる
楠木正成
千早城
（現在の大阪府南河内郡）
逃げろ、早くしろ！
ヤバイ
京都から討幕軍が来るぞ！
鎌倉幕府軍の崩壊
京都
1333年5月7日
京都の六波羅探題
（鎌倉幕府の要所）
大勝利だぜ！
討幕の一歩だ
足利尊氏

逆転勝利3つのポイント

1. 2年前の敗因を楠木正成が緻密に分析。「わら人形」など、万全の対策を打っていた。
2. 鎌倉幕府軍は大軍ゆえの油断があり、その油断を突く決断力が正成にあった。
3. 反鎌倉幕府の動きは全国に広がり、正成が敵軍を引きつけるほど倒幕側に有利になった。

うう、わら人形まで参戦するなんて…
負け犬の遠吠え

その後は…

この包囲戦は、3カ月半後に幕府側が撤退して、楠木正成側が勝利した。籠城戦闘が長引くあいだに、天皇側のほかの武将である足利尊氏、新田義貞が幕府を打倒。しかし、後醍醐天皇の親政は長く続かなかった。

〝馬と鹿ってほぼ同じ〟理論で大勝利!!

一ノ谷《いちのたに》の戦い

1184年@日本(兵庫県神戸市)

険しい裏山から駆け下り、
敵に大混乱を生み出して勝利!

WIN

5万人 平家軍 VS 2万人 義経の率いる源氏軍

平家側は、前年の水島の戦い(1183年11月)で一時勝利し、勢力を回復。京都を奪還する道筋として一之谷へ布陣。追いかけた源氏側の木曽義仲は勢いを失い、義経と範頼が平家討伐に向かう。義経の軍勢はもっとも奇襲効果の高い一ノ谷の裏山へ向かい、源平合戦のクライマックスを迎える。

どうして大逆転できたの？

義経が崖の上から行った奇襲が大成功、敵の本陣に火を放った

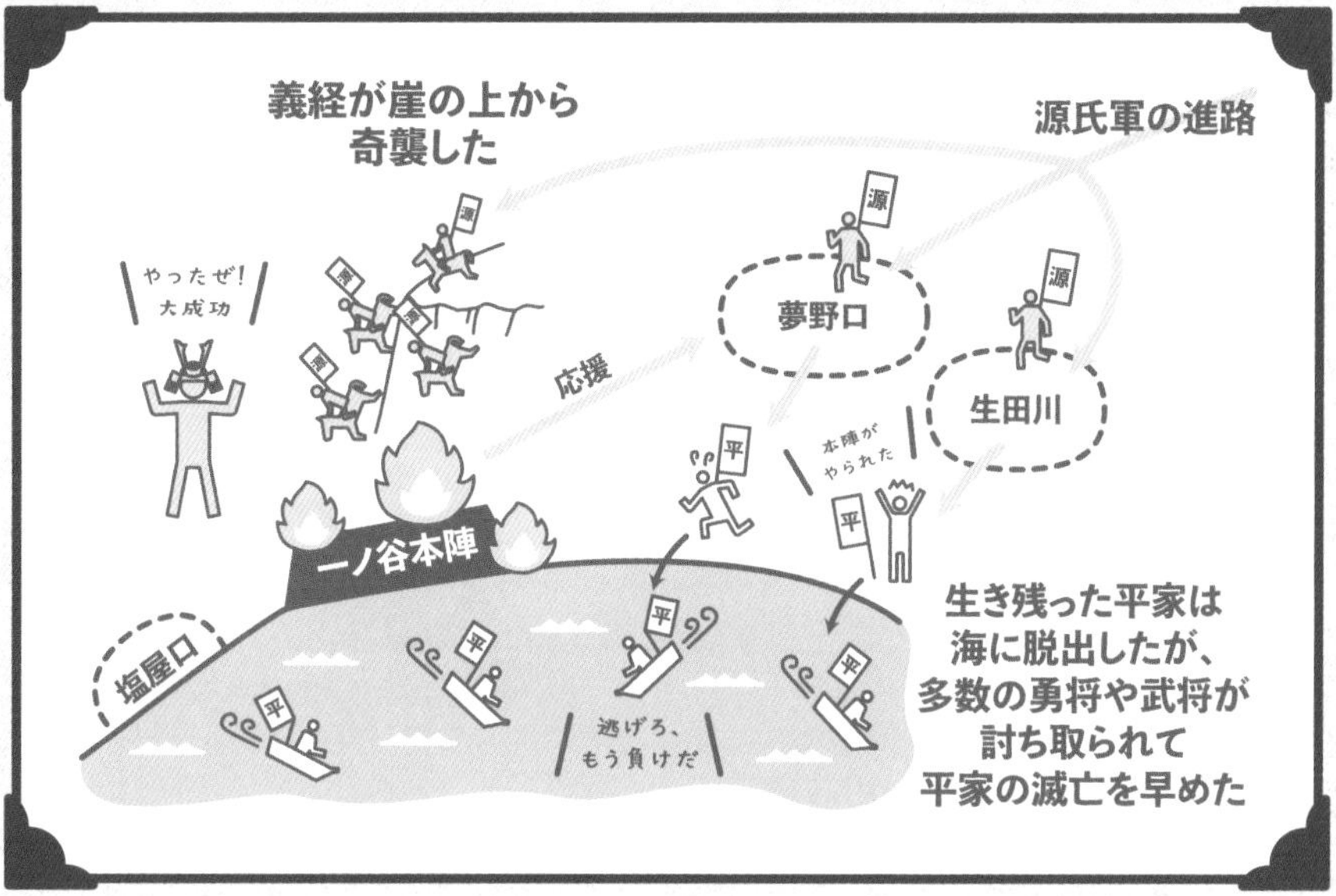

義経が崖の上から
奇襲した
源氏軍の進路
やったぜ！
大成功
源
源
源
源
源
源
夢野口
生田川
応援
平
本陣が
やられた
平
一ノ谷本陣
塩屋口
平
平
平
平
逃げろ、
もう負けだ
生き残った平家は
海に脱出したが、
多数の勇将や武将が
討ち取られて
平家の滅亡を早めた

逆転勝利3つのポイント

命知らずの
度胸に
負けた…
負け犬の
遠吠え

1. 源義経が、鹿しか行かない崖を「馬でも行ける」と駆け下りて、本陣の裏手まで進んだ。
2. 義経が平家の本陣に火を放ち、その黒煙が平家の前線陣地を混乱に陥れた。
3. 一ノ谷の勝利ののち、源氏勢力は夢野口や生田川などに移動して平家勢力を粉砕。

その後は…

京都奪還の主力武将たちを失った平家は、徐々に衰退していき、翌1185年の屋島の戦い、壇ノ浦の戦いで滅亡。その後は、源氏勢力内で起こった抗争を平定した源頼朝が1192年に征夷大将軍に任じられる。

ツルツルすべる石垣の城で大勝利!!

砥《と》石《いし》崩《くず》れの戦い

1550年@日本(長野県上田市)

敵将がいないスキをついた信玄、
しかし堅城の前に敗北した

武田軍		村上軍
7000人	VS	2500人 WIN

信濃地方で覇権を争う村上氏と武田氏。1550年9月、村上義清が高梨氏との戦闘で留守になったときを狙い、小笠原氏を倒した武田軍は、村上氏の拠点である砥石城を包囲。いっきに落城させようとした。しかし、断崖にある砥石城は見晴らしもよく、戦上手の武田にとっても難攻不落の要塞だった。

どうして大逆転できたの?

武田軍に時間をムダ使いさせて勝利

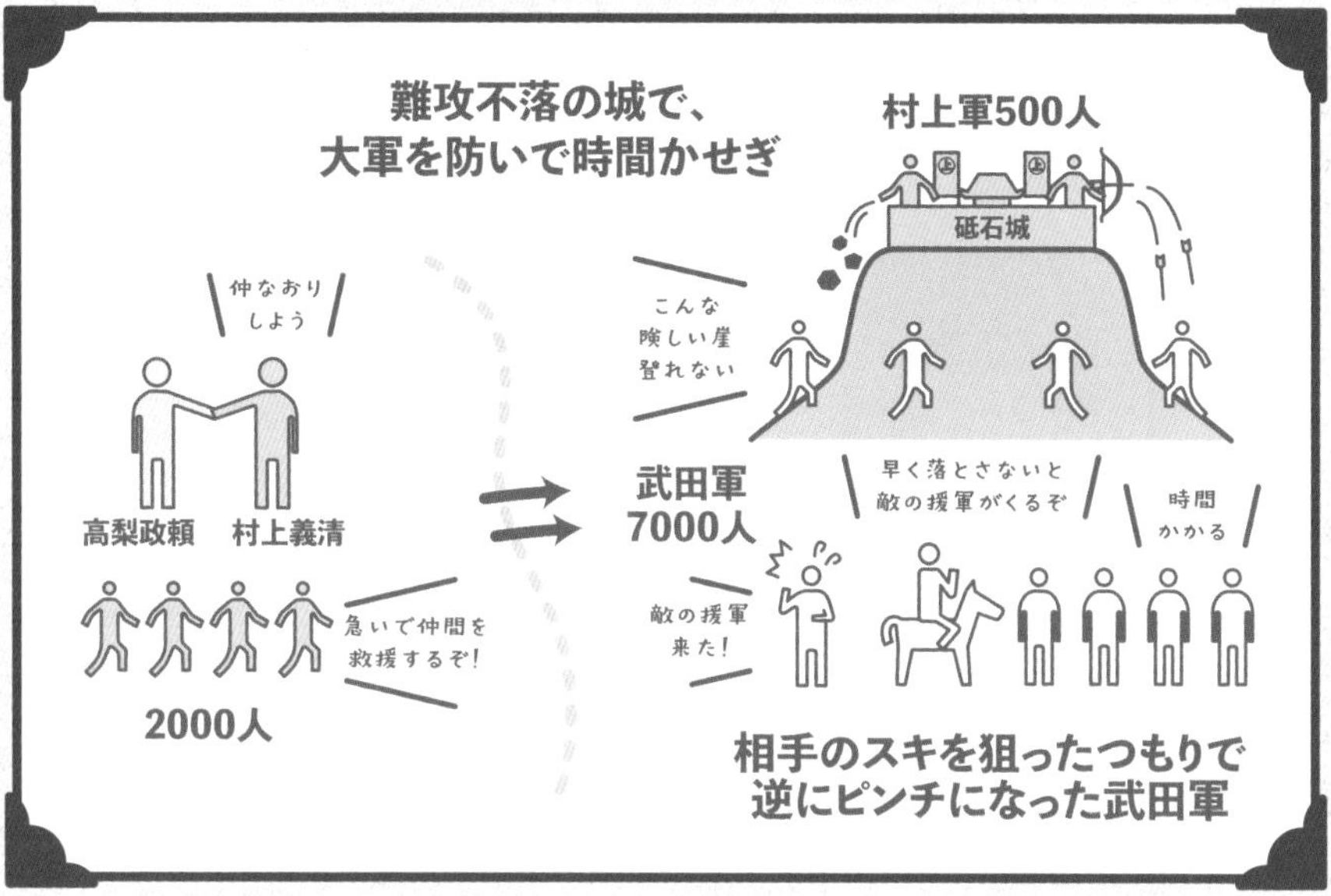
難攻不落の城で、
大軍を防いで時間かせぎ
村上軍500人
砥石城
仲なおりしよう
高梨政頼
村上義清
急いで仲間を救援するぞ!
2000人
こんな険しい崖登れない
武田軍
7000人
早く落とさないと敵の援軍がくるぞ
時間かかる
敵の援軍来た!
相手のスキを狙ったつもりで
逆にピンチになった武田軍

逆転勝利3つのポイント

1. 砥石城の守備兵は以前に信玄が滅ぼした城の残党で、武田軍への強い恨みがあった。
2. 砥石城の東西は崖のうえ、すべる石垣で登りにくく、入口が狭い難攻不落の要塞だった。
3. 武田軍の侵略の報を聞き、村上義清の本隊が高梨氏と和睦して、すぐに引き返してきた。

「砥石」の名前に恥じぬ、立派な城じゃのう……
負け犬の遠吠え

その後は…

砥石城の守りが堅いうえ村上義清も帰城すると知り、信玄は撤退を決意するが、村上軍の追撃を受けて大損害に。しかし村上軍の健闘はここまでで、翌年には砥石城は信玄の手に落ち、義清は上杉家に亡命した。

「雨の中からこんにちは♥」作戦で大勝利!!

桶《おけ》狭《はざ》間《ま》の戦い

1560年@日本（愛知県名古屋市）

大軍の今川軍が、移動で分断された瞬間を狙った劇的な勝利

WIN

3万人 vs 5000人

今川軍　織田軍

今川家と織田家は、信長の父の時代から領土争いがあった。今川家は義元の代で勢力を急拡大。北は北条氏や武田と争い、南は段階的に勢力を広げていた。岡崎の松平家が今川側につき、さらに勢力拡大をもくろむ今川家と織田家は、ついに衝突する。兵の数で圧倒的不利な信長は桶狭間山で勝機を見つける。

どうして大逆転できたの？

信長軍は天候を読み、奇襲で大軍を分散して倒した

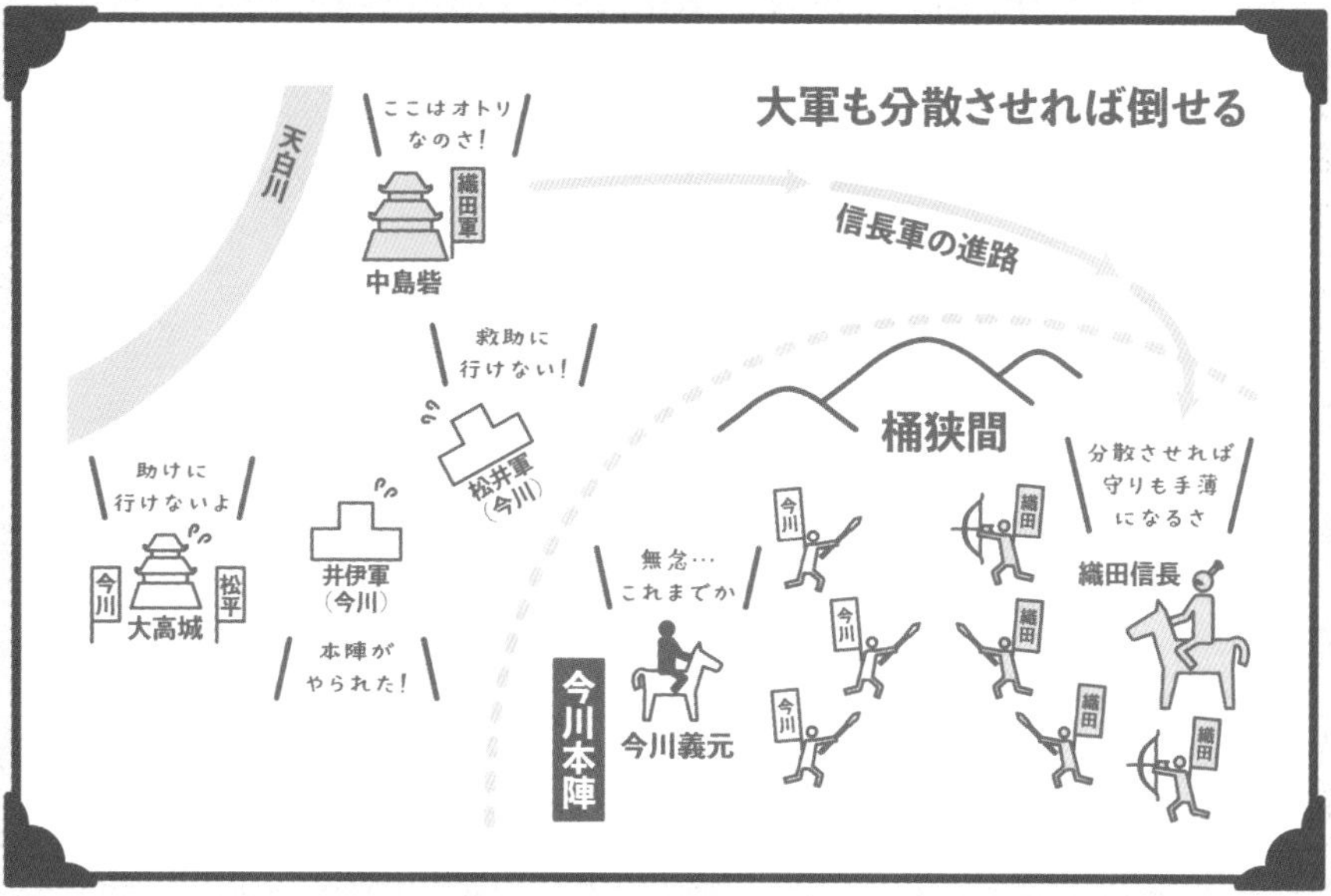
大軍も分散させれば倒せる
天白川
ここはオトリなのさ！
織田軍
中島砦
信長軍の進路
救助に行けない！
松井軍（今川）
桶狭間
助けに行けないよ
今川
松平
大高城
井伊軍（今川）
本陣がやられた！
無念…これまでか
今川本陣
今川義元
分散させれば守りも手薄になるさ
織田信長
今川
織田

逆転勝利3つのポイント

1. 緒戦で織田側が鷲津砦、丸根砦を攻略したことで今川軍の戦線が長く伸びてしまった。
2. 今川が本隊を分散し、5000人ほどで桶狭間山で休んでいる情報を信長が入手。
3. 信長は豪雨暴風の悪天候で風上に立ち、視界をさえぎられた今川軍は大苦戦で破れた。

あんなところで休憩しなきゃよかった…
負け犬の遠吠え
IMAGAWA

その後は…

義元は討ち死にし、配下の松平元康（のちの徳川家康）が独立。その動きに三河地方の豪族が今川家から離反。信長と家康は清洲同盟（1562年）を結び、連合が勢力を拡大。今川家は次の氏真の代で消滅した。

「目には目を、水には水を！」作戦で大勝利!!

忍城《おしじょう》の戦い

1590年@日本（埼玉県行田市）

圧倒的大軍の前に、幾重にもある濠と沼地の堅城で戦う

WIN

2.3万人 VS 3000人

豊臣軍　成田軍

天下統一目前の秀吉は、北条家に上洛を命じるも北条家は無視。総数約25万人の豊臣軍による小田原討伐が決定した。

北条家は拠点の小田原城で豊臣20万の大軍に包囲されて動けない。北条家配下の成田氏の本拠である忍城も豊臣軍に攻撃され、城兵約５００人、周辺農民約２５００人で籠城していた。

どうして大逆転できたの?

忍城の地勢的有利さを徹底活用した

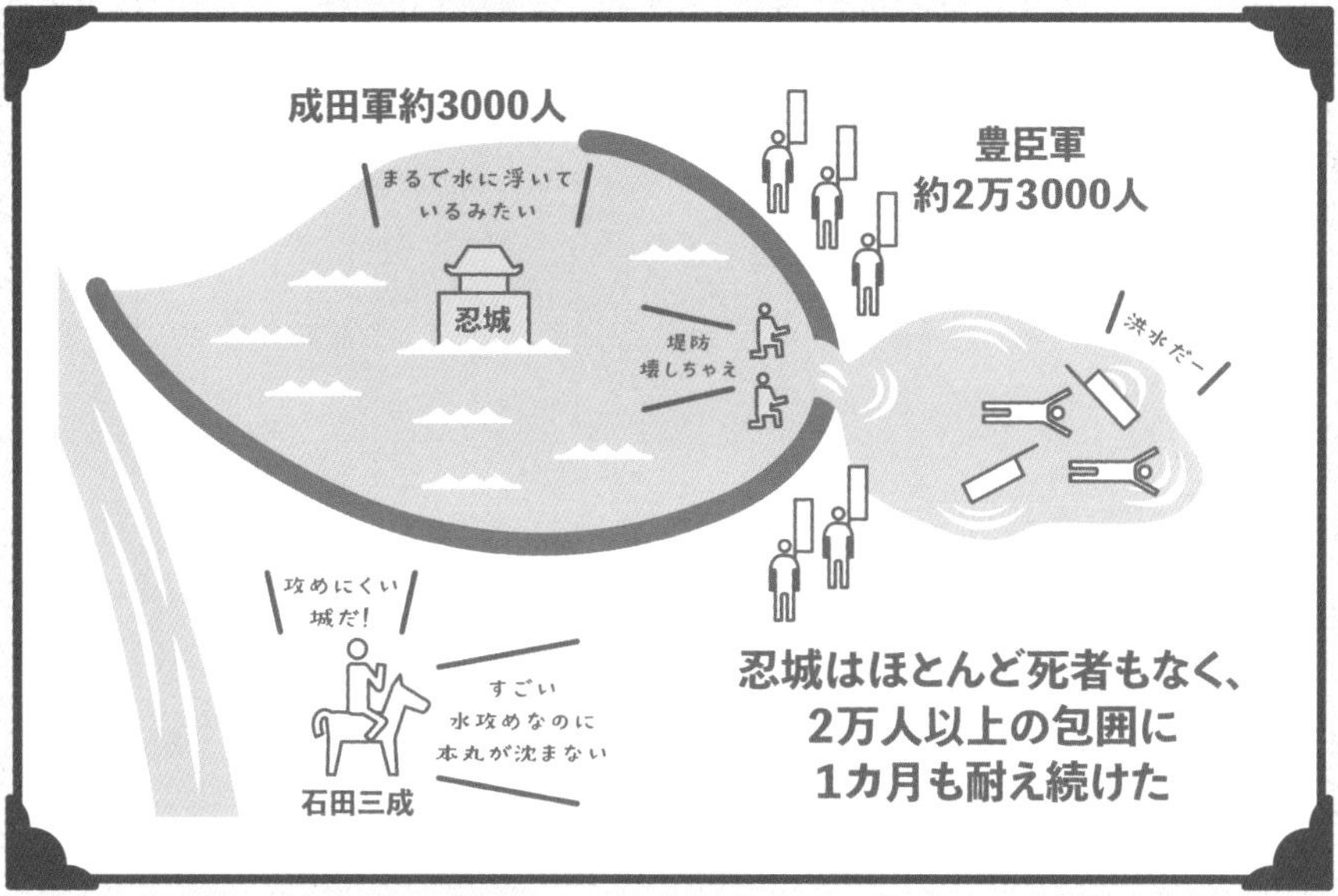
成田軍約3000人
まるで水に浮いているみたい
忍城
堤防壊しちゃえ
豊臣軍
約2万3000人
洪水だー
攻めにくい城だ!
すごい水攻めなのに本丸が沈まない
石田三成
忍城はほとんど死者もなく、
2万人以上の包囲に
1カ月も耐え続けた

逆転勝利3つのポイント

1. 籠城に最適な忍城の構造と、多量の食糧を城に持ち込んだ領民との信頼関係。
2. 遠方で城の周辺環境を完全に理解していない秀吉から「水攻めをせよ」と命令があった。
3. 雨で増水した濠を、夜襲で成田軍側が破壊し、逆に石田三成側を水攻めにした。

水攻めを仕掛けたのに、水攻めされて負けるなんて…
負け犬の遠吠え

その後は…

約１カ月、忍城は豊臣軍の包囲に持ちこたえたが、小田原城の北条氏が７月５日に降伏。小田原城にいた成田氏の棟梁・成田氏長の勧めにより忍城は開城したが、大軍の前に降伏しなかった名高き城となった。

丘を利用して大勝利!!

トゥール・ポワティエ間の戦い

732年@フランス中部

当時最強の騎兵軍団を抑えるため、
丘の上に歩兵で強固な陣地を造り上げた

WIN

5万人 VS 1.5万人

ウマイヤ朝　フランク軍

この当時、イスラム勢力のウマイヤ朝は最強の騎馬隊を持ち、中東からフランス南部までの領土とイベリア半島を支配下に収めていた。フランス南部への侵入は国境紛争に近い感覚だった。一方、現在のフランス周辺で勢力を誇るキリスト教国のフランク王国は、イスラム世界から領土を守るために戦った。

どうして大逆転できたの？

騎兵の強さが自慢の相手を苦手な場所へ誘う

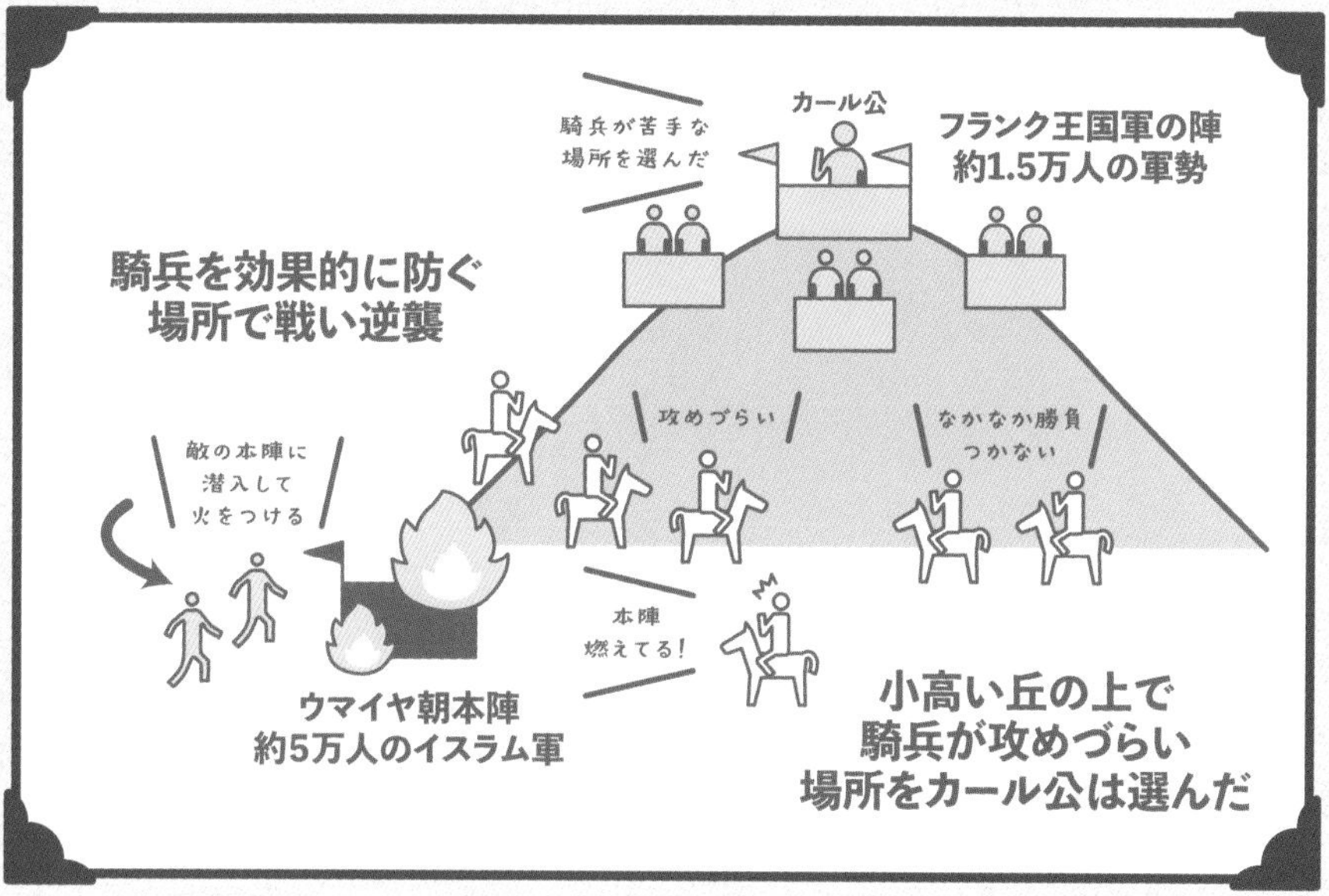
カール公
騎兵が苦手な
場所を選んだ
フランク王国軍の陣
約1.5万人の軍勢
騎兵を効果的に防ぐ
場所で戦い逆襲
攻めづらい
なかなか勝負
つかない
敵の本陣に
潜入して
火をつける
本陣
燃えてる！
ウマイヤ朝本陣
約5万人のイスラム軍
小高い丘の上で
騎兵が攻めづらい
場所をカール公は選んだ

逆転勝利3つのポイント

1. 国境紛争でウマイヤ朝に敗れたウード公の救助要請に、フランク王国が最速で応えた。
2. フランク王国のカールは、騎兵を迎え討つのに最適な丘に陣地を築き、開戦した。
3. 敵の騎兵を陣地で防ぎつつ、フランク軍歩兵が敵の略奪品を燃やして士気を下げた。

あの場所をとられたら、マジで勝てんわ～
負け犬の
遠吠え

その後は…

フランク王国の宰相カールは、フランク王国の領土を広げた戦闘のプロで、彼の歩兵も精強だった。ウマイヤ朝はこの敗戦で大きな打撃を受けたわけではないが、フランク王国の拡大で次第に欧州の領土を失った。

猛吹雪の中からのアタックで大勝利!!

ナルヴァの戦い

1700年@エストニア東部

戦場から遠い港に密かに上陸して、
吹雪の中で奇襲をかけた

ロシア帝国軍		スウェーデン軍
3万人	VS	1万人 WIN

エストニアの要塞都市ナルヴァ。ロシア皇帝のピョートル1世が、領土拡大のためポーランド、デンマークと反スウェーデン同盟を結成して戦争を開始した。前スウェーデン王が亡くなり、弱冠18歳のカール12世が即位。ピョートル1世は領土拡大の好機だと考えたが、カール12世の能力を甘く見ていた。

どうして大逆転できたの?

遠方から上陸して、効果的に奇襲した

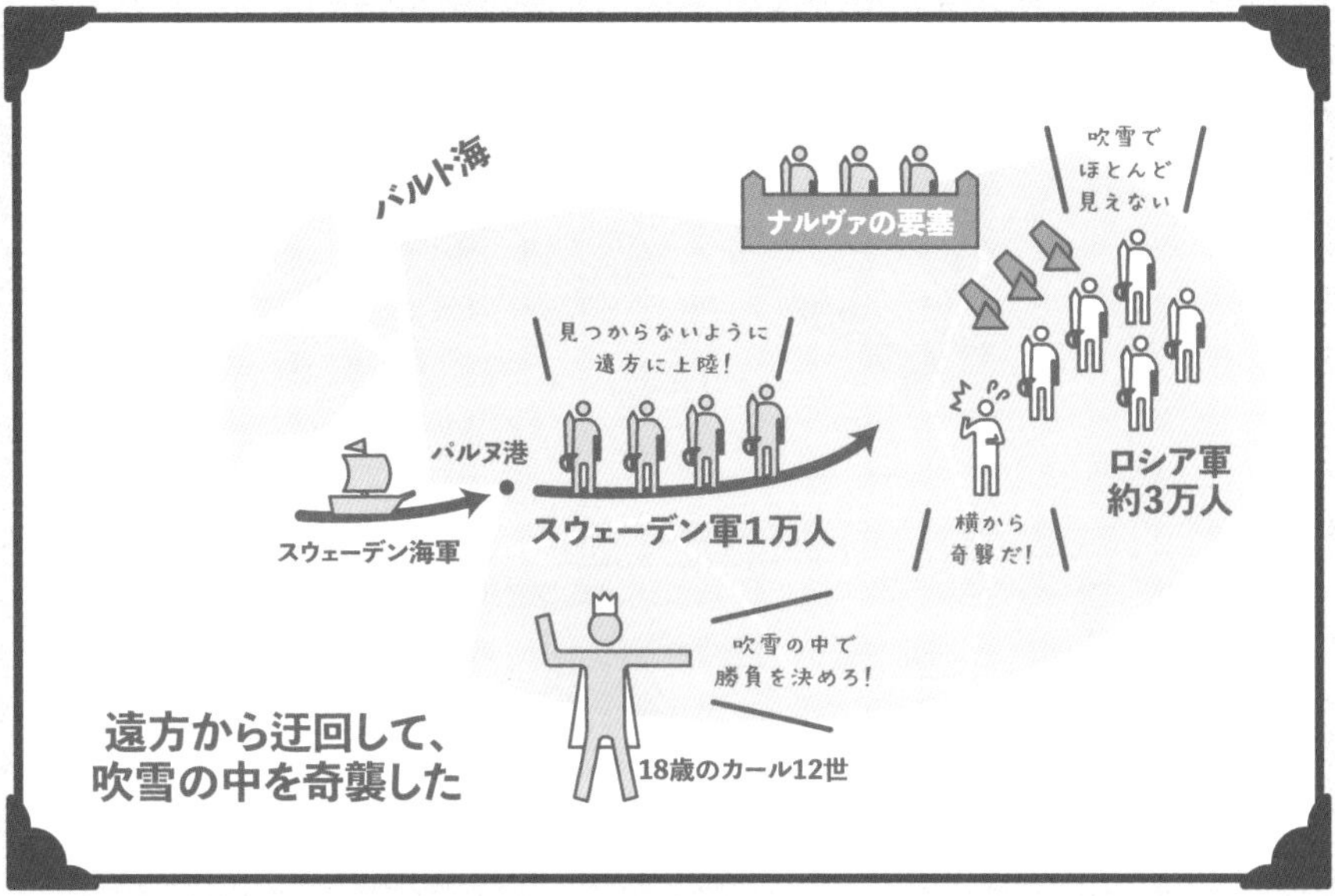
バルト海
ナルヴァの要塞
吹雪で
ほとんど
見えない
見つからないように
遠方に上陸!
パルヌ港
スウェーデン海軍
スウェーデン軍1万人
ロシア軍
約3万人
横から
奇襲だ!
吹雪の中で
勝負を決めろ!
18歳のカール12世
遠方から迂回して、
吹雪の中を奇襲した

逆転勝利3つのポイント

1. 3カ国のうちロシアが出遅れたことで、カール12世は各個撃破の好機を得た。
2. スウェーデン王カール12世の類まれなる戦略・戦術能力の高さ。
3. 遠方のパルヌ港からスウェーデン軍は上陸。吹雪の中、ロシア軍を側面から奇襲した。

若造だと思って、
ナメすぎた…
負け犬の
遠吠え

その後は…

ピョートル1世は、この惨敗を元に軍隊を革新して、しだいに強国へと育てていった。勝利したカール12世は、ロシアへの逆襲のため戦争に明け暮れて国を疲弊させ、1718年に36歳で戦死してしまう。

雪のこわさを思い知らせて大勝利!!

冬戦争

1939〜1940年@フィンランド

WIN

強大な兵力で軽〜くひねる!

雪原はわれらの庭だ!

45 vs **25**

ソ連軍

フィンランド軍

小国フィンランドが大国ソ連との戦争で、独立を守り通した戦い

フィンランド東部のソ連と国境を接する地域で始まった冬戦争。ソ連軍は複数の地域から侵攻した。この背景には、ドイツのヒトラーとソ連のスターリンが領土を拡大しようとする思惑があった。

スターリンはドイツとの戦争を念頭に、フィンランドの一部領土の割譲を要求。フィンランド政府が拒絶したため、砲撃事件からソ連軍が進軍。

ソ連軍は、フィンランド軍の約2倍の兵力で攻撃を開始。武力行使で領土の割譲ができると考えた。フィンランド政府は、西欧諸国の支持を頼りに、持久戦を展開。ソ連軍を分断して、相手が停戦を求めることを狙った。

戦いの流れを大解説!!

ソ連が攻めてきて、フィンランドは最大の危機を迎えた

一

ソ連の大軍が祖国に侵入
（1939年11月30日開戦）

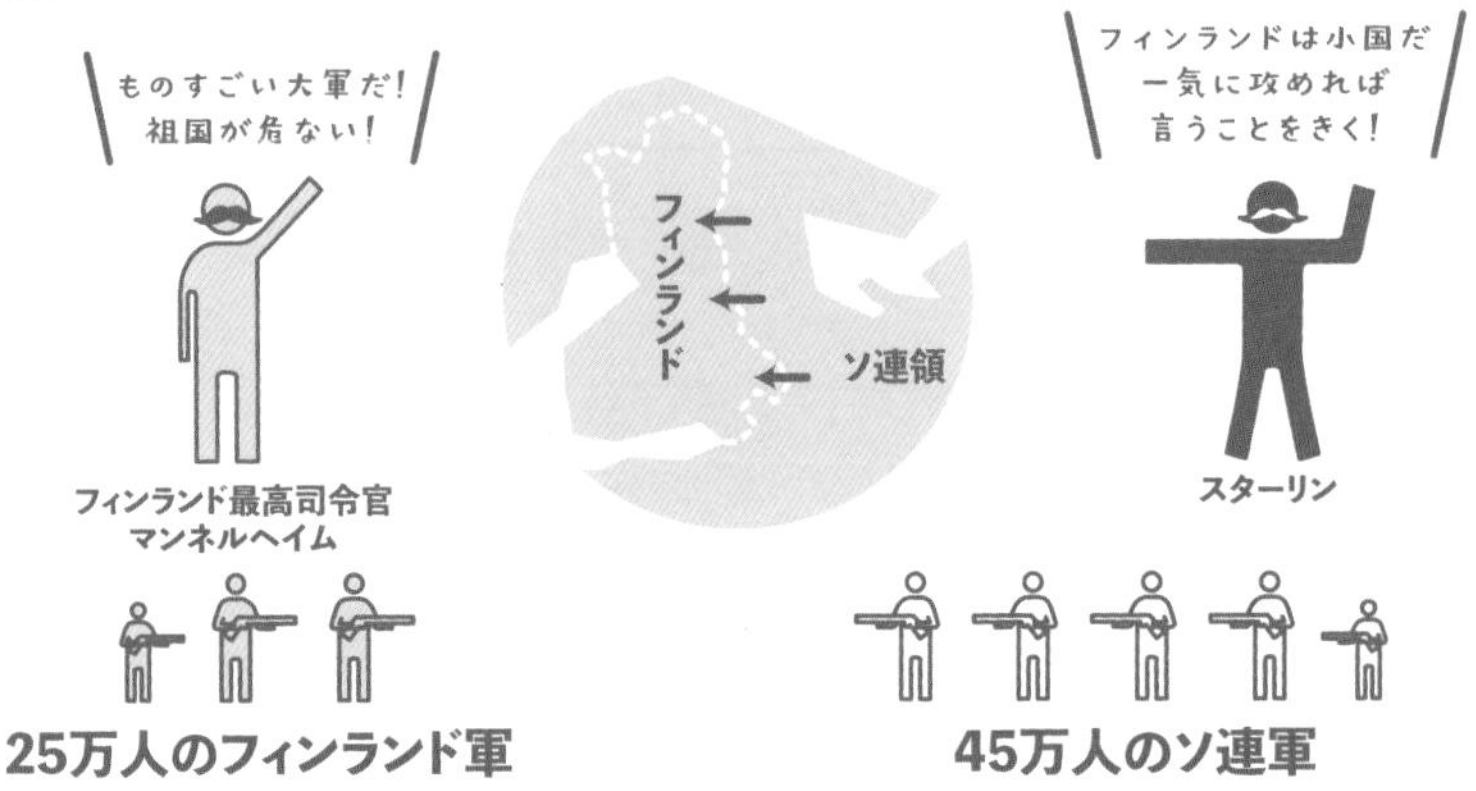

ものすごい大軍だ！
祖国が危ない！
フィンランドは小国だ
一気に攻めれば
言うことをきく！
フィンランド
ソ連領
フィンランド最高司令官
マンネルヘイム
スターリン
25万人のフィンランド軍
45万人のソ連軍

豪雪の森林地帯でゲリラ戦をしかけた

二

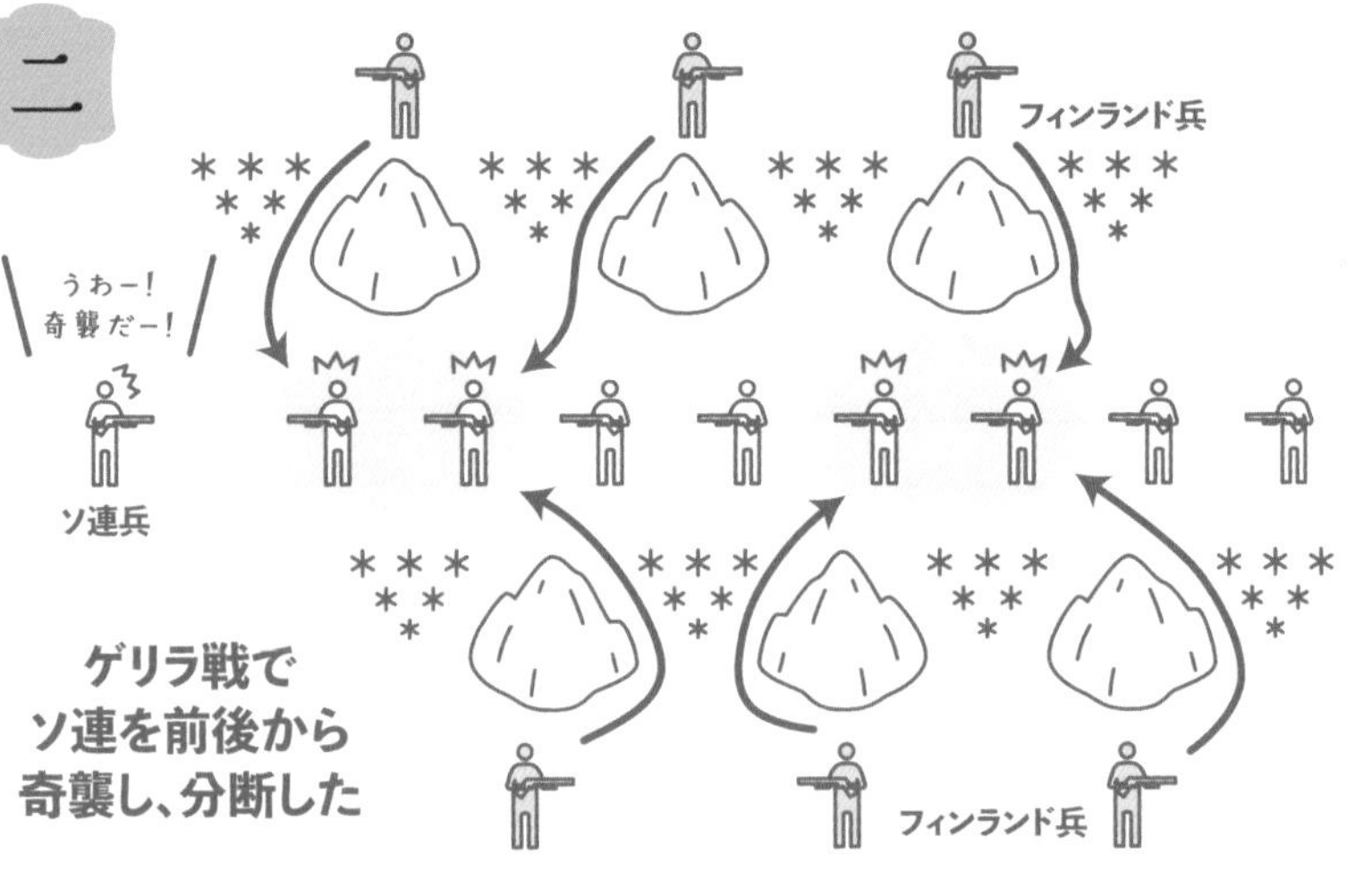

フィンランド兵
うわー！
奇襲だー！
ソ連兵
ゲリラ戦で
ソ連を前後から
奇襲し、分断した
フィンランド兵

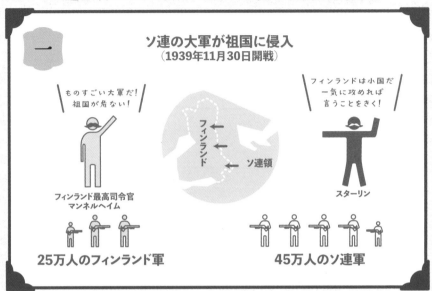

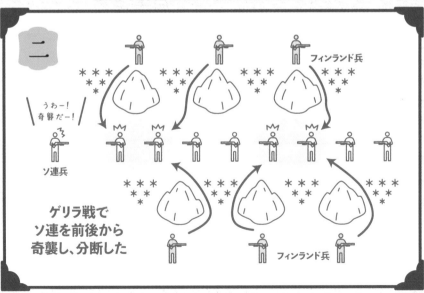

真っ白な雪景色の中で、分断され敗退するソ連軍

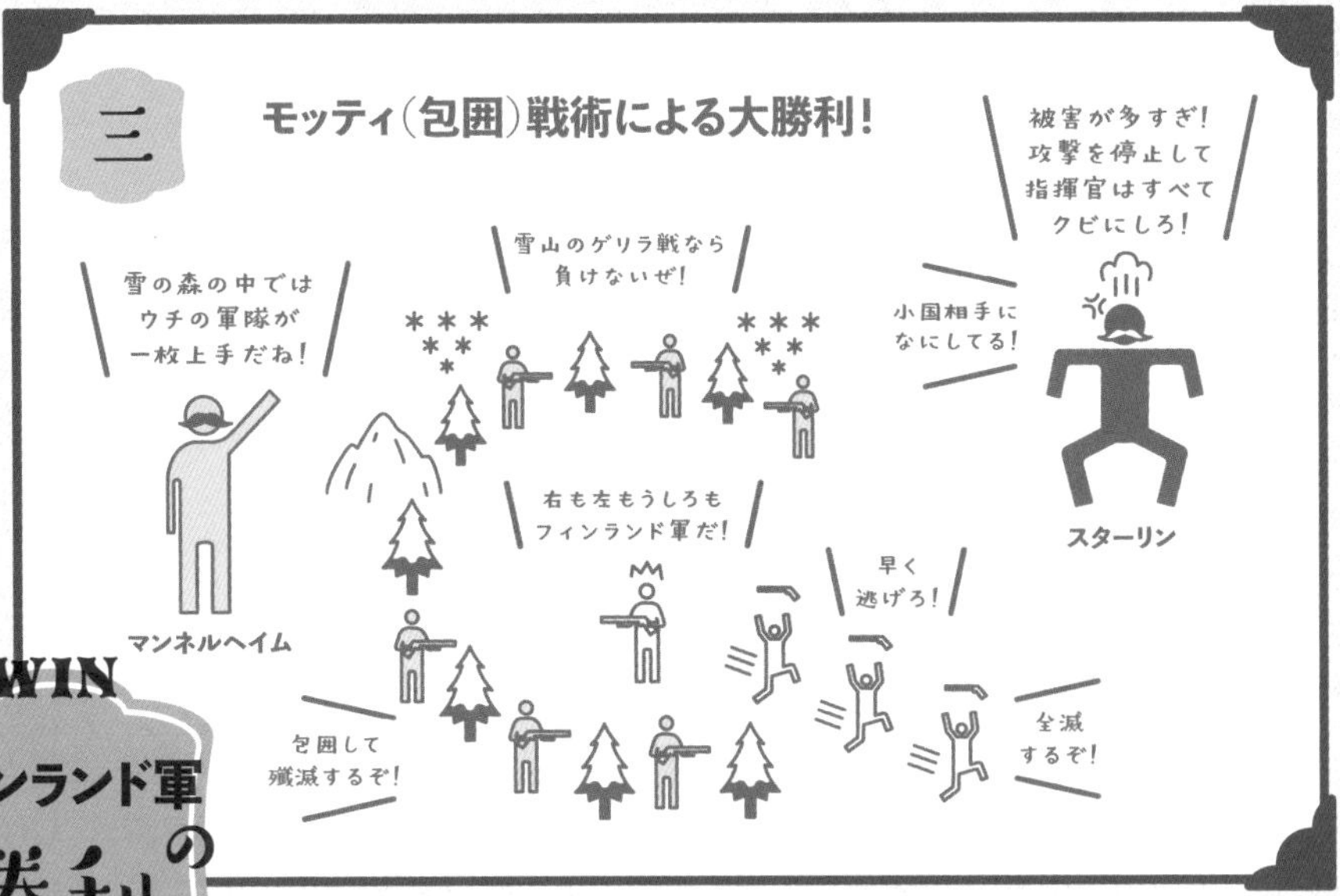
三
モッティ(包囲)戦術による大勝利!
雪の森の中ではウチの軍隊が一枚上手だね!
マンネルヘイム
雪山のゲリラ戦なら負けないぜ!
被害が多すぎ!攻撃を停止して指揮官はすべてクビにしろ!
小国相手になにしてる!
スターリン
右も左もうしろもフィンランド軍だ!
早く逃げろ!
包囲して殲滅するぞ!
全滅するぞ!

WIN
フィンランド軍の勝利

逆転勝利3つのポイント

1. 当時フィンランドで最高の軍司令官だったマンネルヘイムを、軍のトップとした。
2. 雪の森林地帯を細長い列で進軍するソ連軍を前後で分断して、ゲリラ戦を仕掛けた。
3. ソ連軍侵攻を想定した防御陣地マンネルヘイム線を有効活用できた。

真っ白で何も見えなくて、こわかった…
負け犬の遠吠え

その後は…

フィンランド軍は、ソ連軍を苦しめて多くの損害を与えたものの、最終的には大軍のソ連側に圧倒される形で一部領土を割譲。のちの1941年、ドイツとソ連の開戦に巻き込まれ、ソ連との戦争は継続された。

「北海道を武器に」
地域性を売りにして勝った
セイコーマート

場所を活用した逆転勝利では、「有利な場所を先に占拠する」「自分のよく知る場所（地形）を活用し、場所自体を一つの強力な武器に利用する」ケースがほとんどです。自分にとって有利な場所かつ、相手にとって不利な場所を戦場に選ぶのです。

大手チェーンが競争するコンビニエンス・ストア業界。その中で、地域の独自性を活かして躍進を続けるコンビニチェーンがあります。札幌市に本社がある（株）セコマの展開するセイコーマートです。JCSI のコンビニ顧客満足度で６年連続１位を獲得。店舗数はすでに 1100 店舗（業界６位）を超えています。

同社の店舗は 90％以上が北海道にあり、北海道ブランドを活かした独自商品の製造も得意としています。北海道全域の流通網を持ち、北海道産の原材料で企画したアイスなどを店舗でお得な価格で売る。飲食店が多いとは限らない北海道の各地で、店内で調理するホットシェフというサービスも人気です。同社は「負けないために北海道を出ない」地域戦略を採用しており、自社にとって有利な場所である北海道を最大限の武器として戦っているのです。

CHAPTER 3

【タイミング】をつかんで大勝利!!

同じことを行っても、戦いにはうまくいく瞬間と失敗する瞬間があります。夜に攻め込む、何十年も待つ…など、タイミングを選ぶ力で勝利した戦いを紹介します。

超でっかい馬に夜まで隠れて大勝利!!

トロイア戦争

紀元前1200年前後@現在のトルコ

トロイア軍		ギリシャ軍
城塞都市	VS	10万人
うちらの城は頑丈さが売りですから		外がダメなら、中から崩す!
		WIN

どうしても壊せない城壁も、木馬に隠れた兵士が内側から崩壊させた

舞台は現在のトルコ、エーゲ海に臨む都市トロイア。トロイアの王子パリスが、スパルタ（ギリシャの都市国家）王の妻ヘレネを奪って逃走。トロイア城に逃げ込んだことで、怒ったギリシャ連合軍はトロイア城を攻撃。

トロイア側は防戦で相手を諦めさせることを狙い、ギリシャ連合はトロイア城を崩壊させてヘレネを取り戻すことを狙う。しかし城は守りが固く、10年が経過して、ギリシャ側の智将オデュッセウスがあっと驚く名案を思いつく。撤退したように見せかけ「巨大な木馬」に隠れて、戦利品として城内に引き入れられた木馬から飛び出して夜襲をかけるというものだった。

戦いの流れを大解説!!

トロイア攻め、10年目の奇策

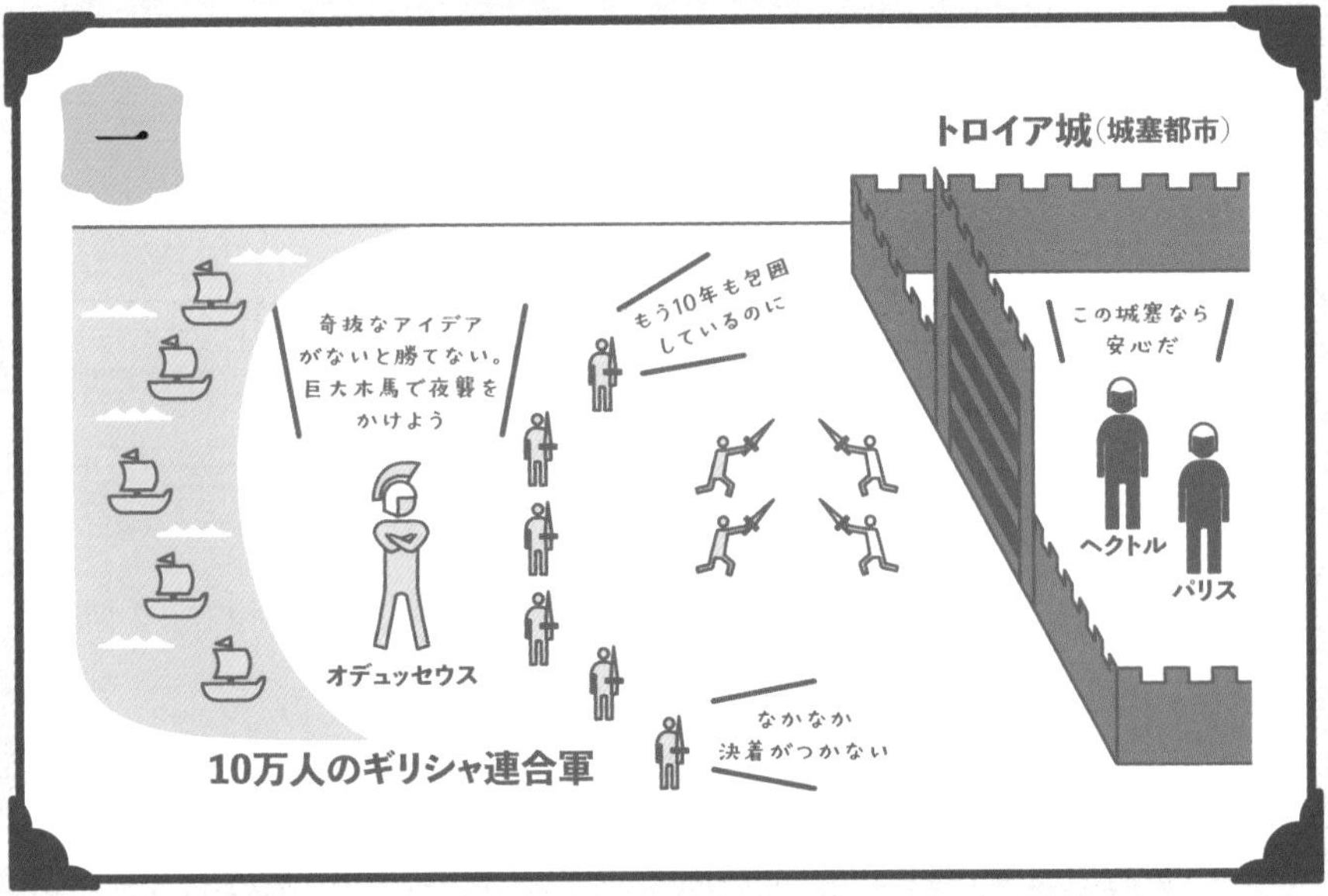
一
トロイア城（城塞都市）
奇抜なアイデアがないと勝てない。巨大木馬で夜襲をかけよう
もう10年も包囲しているのに
この城塞なら安心だ
ヘクトル
パリス
オデュッセウス
10万人のギリシャ連合軍
なかなか決着がつかない

木馬の腹から出てきた兵士たち

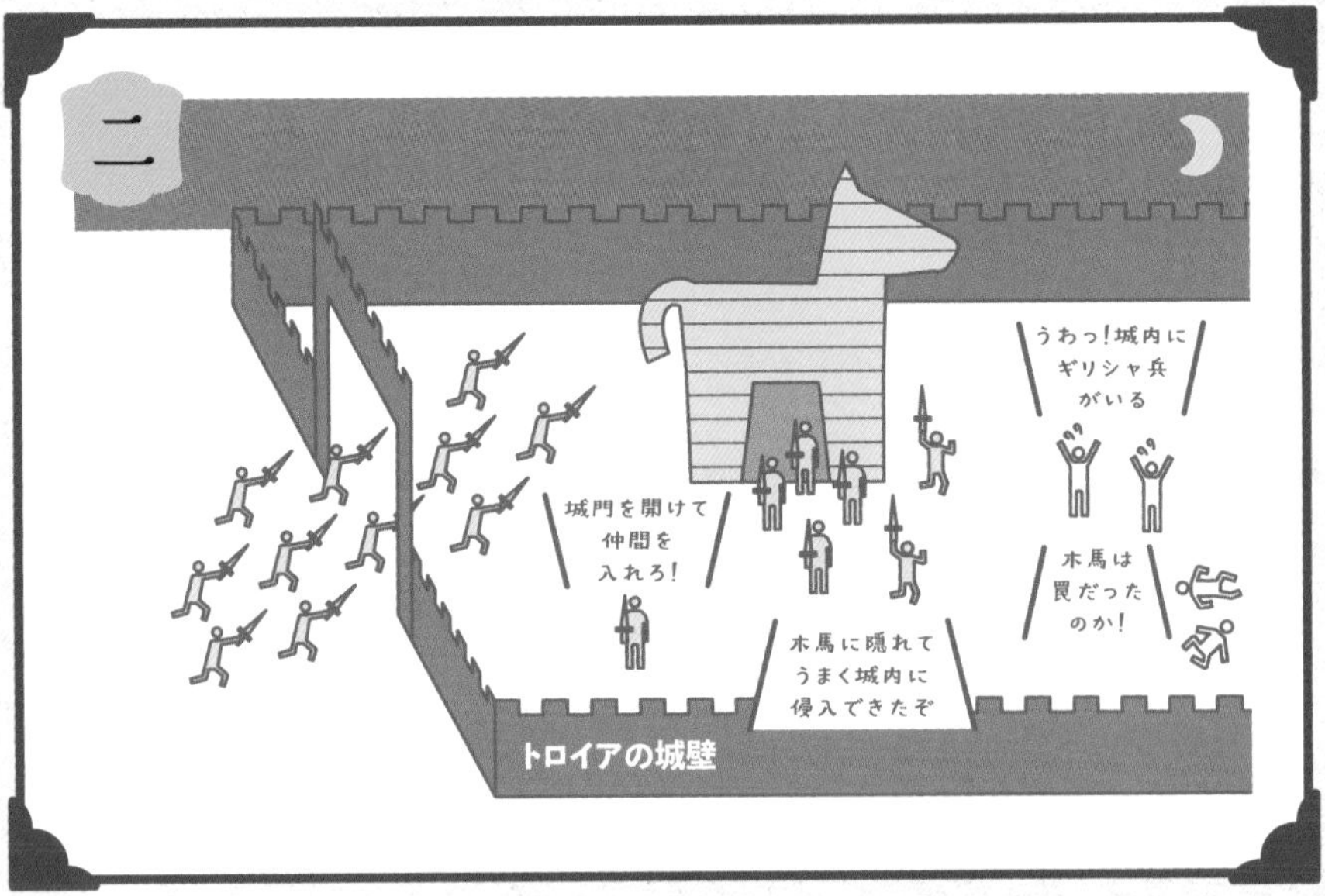
二
うわっ！城内にギリシャ兵がいる
城門を開けて仲間を入れろ！
木馬は罠だったのか！
木馬に隠れてうまく城内に侵入できたぞ
トロイアの城壁

9年間の防衛が1日で崩壊した夜

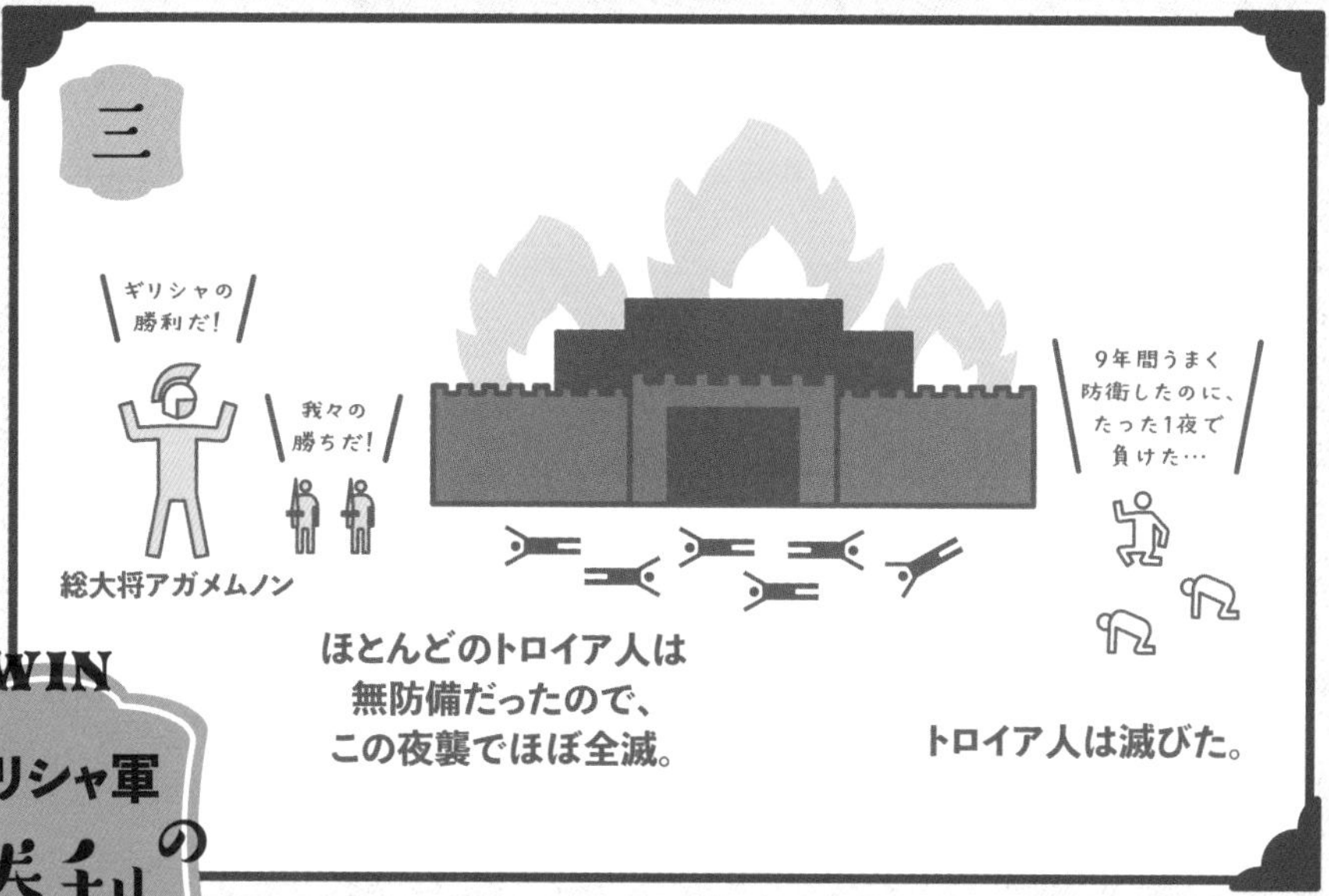
三
ギリシャの勝利だ!
我々の勝ちだ!
総大将アガメムノン
9年間うまく防衛したのに、たった1夜で負けた…
ほとんどのトロイア人は無防備だったので、この夜襲でほぼ全滅。
トロイア人は滅びた。

WIN

ギリシャ軍の勝利

逆転勝利3つのポイント

1. 10年間破れなかったトロイア城を、別の方法で攻略することを考えた。
2. 兵士の隠れた木馬を置いて、ギリシャ軍がニセの撤退をした。
3. 戦利品として城内に引き入れられた木馬から、真夜中にギリシャ兵が出て大暴れ。

素敵な木馬だと思ったのに、敵が出てきた!!
負け犬の遠吠え

その後は…

勝利の宴に酔ったトロイア人は、真夜中に木馬から出現したギリシャ兵を止められず、トロイアの王も殺されて、トロイアは滅亡。この戦いは『イリアス』『オデュッセイア』の歴史叙事詩で語られている。

怒りのパワーで大勝利!!

彭《ほう》城の戦い

紀元前205年@中国の江蘇省

だまし討ちされた項羽の怒りが、精鋭3万人の心に火をつけた

56万人 VS 3万人 WIN

劉邦《りゅうほう》の連合軍 / 項羽《こうう》の率いた楚軍

中国を統一した始皇帝の死から5年。項羽と劉邦は、次の覇者になる闘争を始めた。項羽は、秦打倒の連合軍のリーダーだった義帝を暗殺。そのため劉邦は項羽を打倒する同盟軍を結成し、項羽の留守を狙って項羽の本拠地・楚の彭城を占領。この知らせに激怒した項羽は、城奪還のため西に迂回して急襲した。

どうして大逆転できたの?

敵の正面を迂回して突撃、大勝利

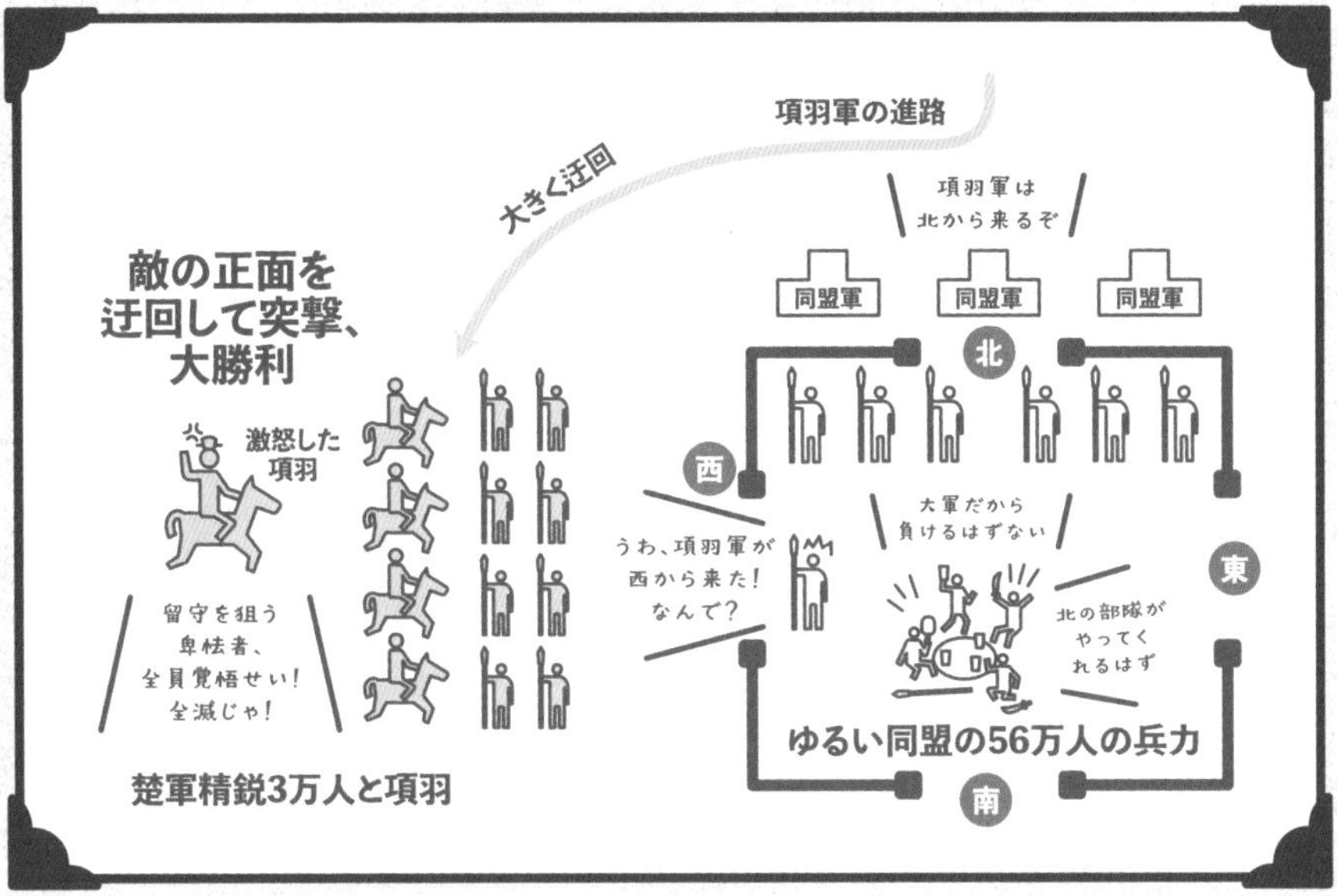
項羽軍の進路
大きく迂回
敵の正面を
迂回して突撃、
大勝利
激怒した
項羽
留守を狙う
卑怯者、
全員覚悟せい!
全滅じゃ!
楚軍精鋭3万人と項羽
項羽軍は
北から来るぞ
同盟軍
同盟軍
同盟軍
北
西
東
南
うわ、項羽軍が
西から来た!
なんで?
大軍だから
負けるはずない
北の部隊が
やってく
れるはず
ゆるい同盟の56万人の兵力

逆転勝利3つのポイント

1. 項羽は遠方におり、自軍は大軍だという油断が劉邦の連合軍にあった。
2. 項羽軍が、彭城に直行せず、西に迂回して予想外の場所から来襲したこと。
3. 城を占拠された激しい怒りにくわえ、猛将・項羽に指揮された楚軍の精鋭が強すぎた。

激オコの項羽、
こわすぎでしょ!
負け犬の
遠吠え

その後は…

項羽軍は、都市・栄陽に劉邦軍を追い詰めたが、敗北寸前で劉邦は脱出。劉邦の策略により、項羽軍では優秀な軍師の范増《はんぞう》がいなくなり、しだいに崩壊。3年後の垓下《がいか》の戦いで項羽軍は壊滅し、劉邦の天下となる。

エライ人が死ぬのを待って大勝利!!

あーしんど…
ぜえぜえぜえ
もう少しやな…
大丈夫でございますか？

呂氏の反乱鎮圧

紀元前180年@中国の長安

劉邦の皇后呂雉《りょち》による権力簒奪《さんだつ》を、劉邦の功臣たちが防いだ戦い

南北軍 vs 功臣たち WIN

呂氏軍　　漢の軍属

秦を打倒した前漢の劉邦の死（紀元前195年）後、妻の呂雉《りょち》は反乱を起こし、劉邦ゆかりの王族や子を殺害。呂一族は、権力を独占しようとしていた。呂雉は劉邦の皇后だったため正当性があったものの、呂一族に反対する漢の軍属たちは、呂雉が寿命で亡くなって弱体化することを狙い、15年間ほど待った。

どうして大逆転できたの?

最強の権力者が世を去るまで賢く待つ

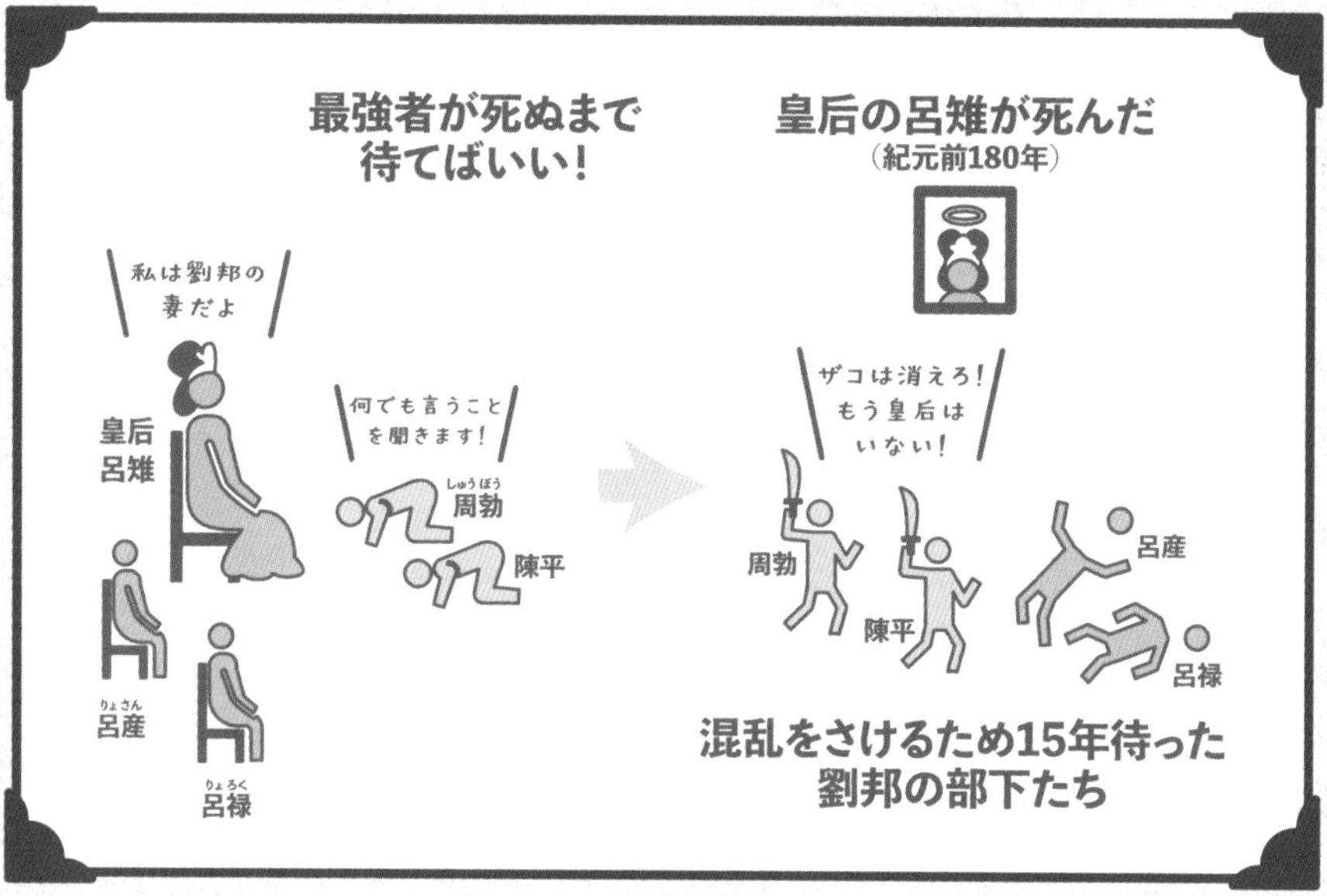
最強者が死ぬまで
待てばいい!
私は劉邦の
妻だよ
皇后
呂雉
何でも言うこと
を聞きます!
周勃《しゅうぼう》
陳平
呂産《りょさん》
呂禄《りょろく》
皇后の呂雉が死んだ
（紀元前180年）
ザコは消えろ!
もう皇后は
いない!
周勃
陳平
呂産
呂禄
混乱をさけるため15年待った
劉邦の部下たち

逆転勝利3つのポイント

1. 強い政治力のある呂雉の死を、劉邦の元配下たちが辛抱強く待った。
2. 北軍の指揮権を握っていた呂一族の一人をだまして、軍隊を動かせなくした。
3. 呂一族の一人、呂産の軍事反乱を未然に防ぎ、宮廷の外で捕縛した。

ちょっと
皇后に頼りすぎ
ちゃった☆
負け犬の
遠吠え

その後は…

呂一族は、自分たちの権力と繁栄が劉邦の皇后一人が生み出していたことに気づかなかった。乱世を生き抜いた劉邦の部下や皇后には強靭さがあり、血縁のみで権力を得たほかの呂氏とは格が違ったのだ。

脅威のスピードと身軽さで大勝利!!

1800年代のアフリカ大陸は、西欧列強の植民地化が進んでいた。英国軍はアフリカ民族の統治と植民地化を目指し、独立国だったズールー王国の排除を狙う。軍隊の近代化を少しずつ進めるズールー王国を英軍は警戒。小さな国境紛争を理由に、強大な重装備の英軍はズールー王国に侵入したが……。

イサンドルワナの戦い

1879年@現在の南アフリカ共和国

大軍でとり囲み、
連続攻撃で全滅させた

WIN

銃 VS **長槍**

銃を持つ英軍

長槍中心で戦う
ズールー軍

どうして大逆転できたの?

3つの部隊が連続的に波状攻撃し、英軍を休ませない

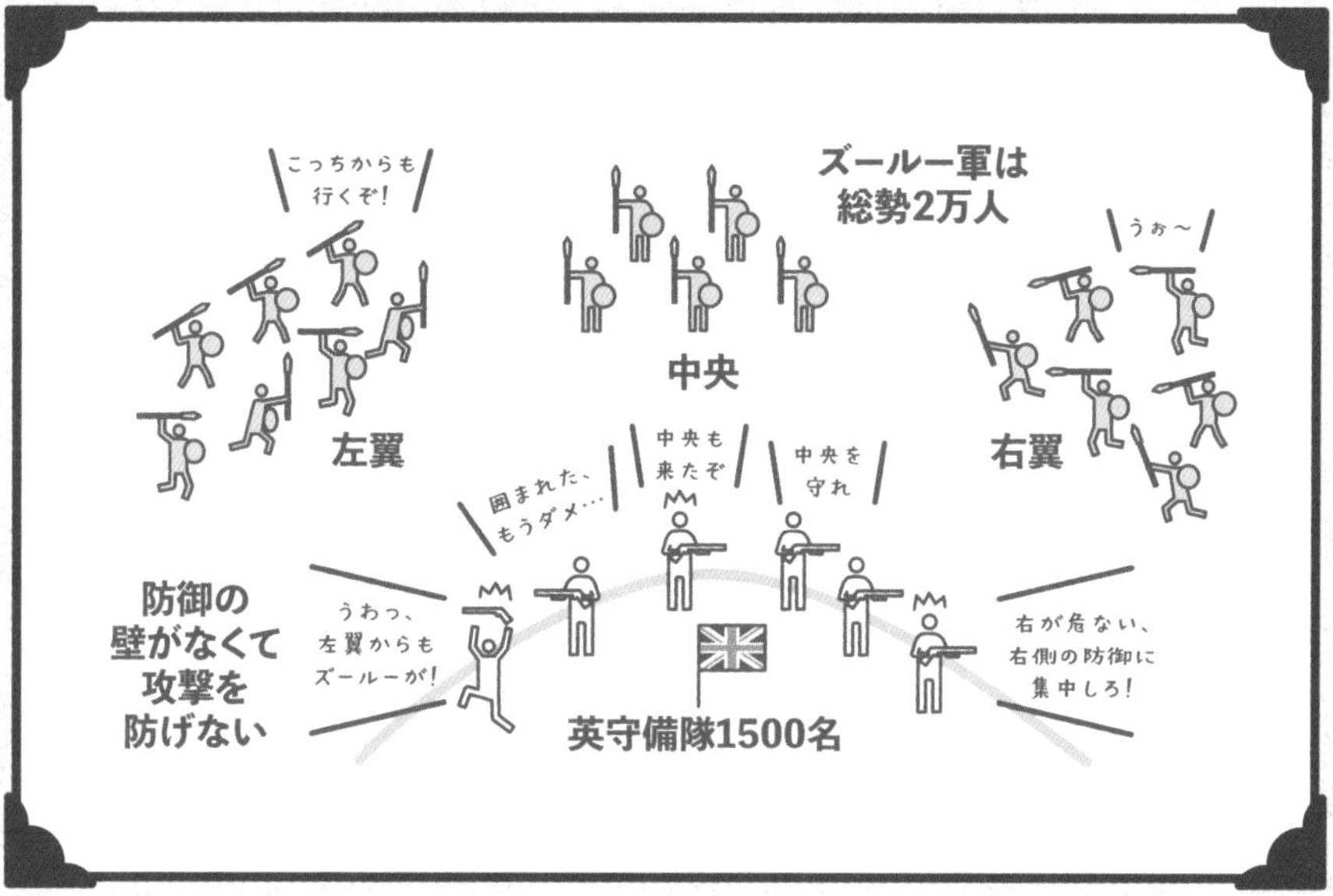
ズールー軍は
総勢2万人
こっちからも
行くぞ!
中央
うぉ〜
左翼
右翼
囲まれた、
もうダメ…
中央も
来たぞ
中央を
守れ
防御の
壁がなくて
攻撃を
防げない
うわっ、
左翼からも
ズールーが!
右が危ない、
右側の防御に
集中しろ!
英守備隊1500名

逆転勝利3つのポイント

1. 英軍が防御陣地を構築しないで野営したところを、ズールー軍が見逃さなかった。
2. ズールー国王セテワヨが、軍事力の増強と近代化、秘技「猛牛の角戦術」を復活させた。
3. 部隊を3つに分けて連続的な波状攻撃をし、英軍が休めず疲弊、防ぎきれなかった。

ズールー軍を
ナメすぎた…
負け犬の
遠吠え

その後は…

ズールー軍による英軍の撃退は、アフリカ大陸で大きなニュースとなった。しかし、この敗戦で英軍は部隊と武器を増強。ズールー軍の被害は大きく、攻撃力が激減。敗北し、ついに国は消滅した。

時間を稼いで大勝利!!

南アフリカで、1879年の1月に始まった「イサンドルワナの戦い」では、ズールー軍が勝利し、英軍が破れた。ズールー軍は翌日も、勝利の勢いに乗り、ロルクズ・ドリフト砦の英軍の壊滅を狙う。英軍は極めて少数のため、砦を守りながら援軍が到着するまでの時間を稼ぐことを狙った。

ロルクズ・ドリフトの戦い

1879年＠現在の南アフリカ共和国

圧倒的な大軍の攻撃を、
銃を有効活用できる砦の要塞化で撃退

WIN

4000人	vs	150人
槍と盾で戦う ズールー軍		ライフル銃を使う 英軍

どうして大逆転できたの?

効果的な防御準備で大軍が到着するのを待ち、大勝利

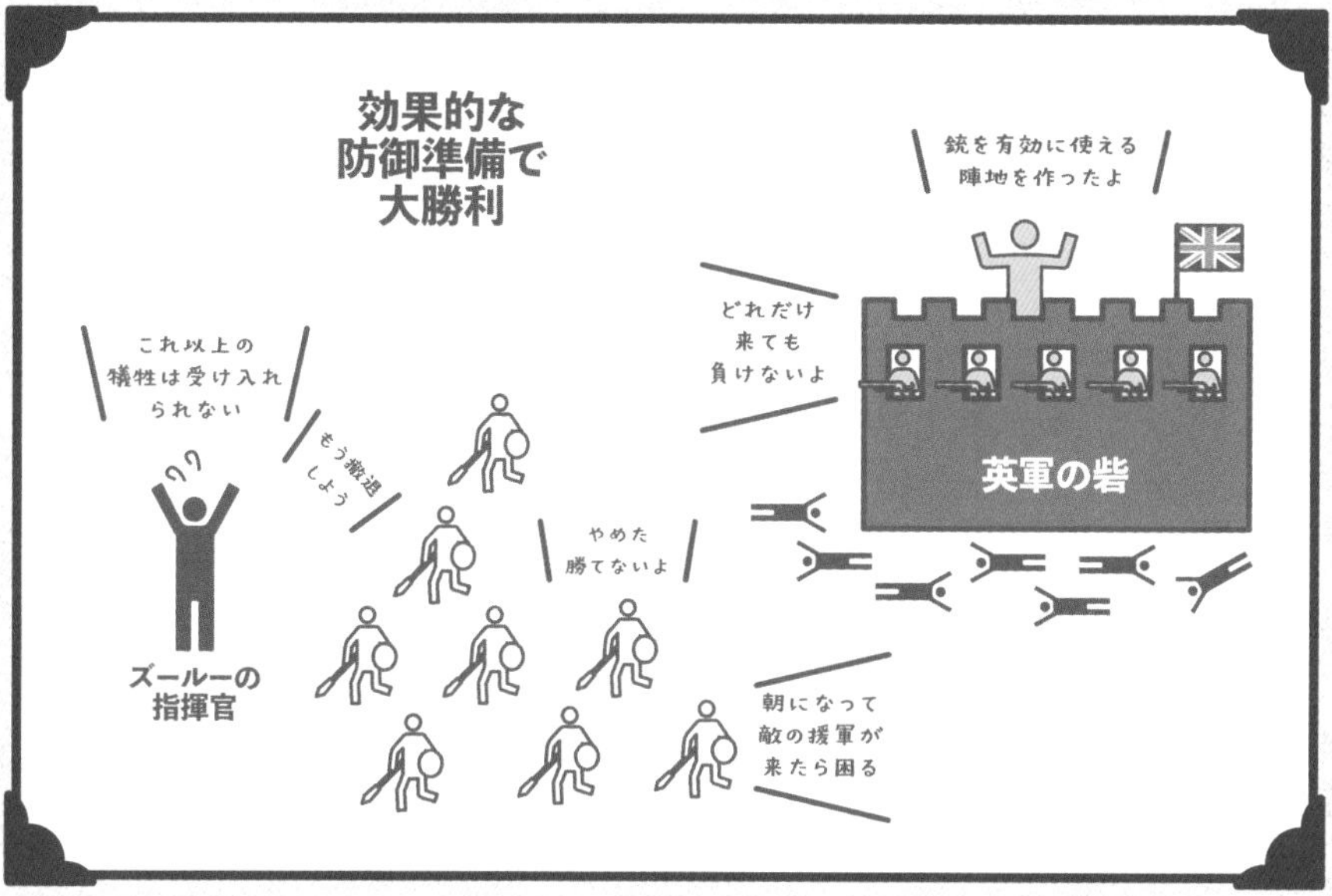
効果的な防御準備で大勝利
銃を有効に使える陣地を作ったよ
どれだけ来ても負けないよ
英軍の砦
これ以上の犠牲は受け入れられない
もう撤退しよう
やめた勝てないよ
ズールーの指揮官
朝になって敵の援軍が来たら困る

逆転勝利3つのポイント

1. 前日のイサンドルワナの全滅が、英軍守備隊に情報として伝わり、事前に準備できた。
2. 砦として防御力を強化、建物の壁に銃眼などを設置することまで準備した。
3. ズールー軍側の指揮官が能力の低い者に代わり、組織的な攻撃ができなかった。

ちょっと調子に乗りすぎたかも…

負け犬の遠吠え

その後は…

2日後の英増援部隊の到着で、ズールー軍は撤退。英軍は、イサンドルワナの惨敗の情報を活かして防御力を高めた一方、ズールー軍は稚拙な戦い方をしたことで犠牲を多くして撤退。ここから敗北を続けていく。

昔の成功例をマネして大勝利!!

アンティオキアの攻囲戦

1097–98年@現在のシリア

鉄壁の守りがある城も、
城内から裏切り者が出ることで陥落した

古代都市アンティオキア。1085年にセルジューク朝は、東ローマからこの都市を奪っていた。十字軍はこの土地を奪還すべく、1097年10月、難攻不落の要塞都市として知られる城に包囲戦を仕掛けた。セルジューク朝の指導者ヤギ・シアーンが周辺国に援軍を要請したため、十字軍には時間がなかった。

セルジューク朝連合軍	vs	十字軍 WIN
7.5万人		2.5万人

どうして大逆転できたの?

裏切り者を作るのは大逆転の基本

難攻不落の城も裏切者がいればOK

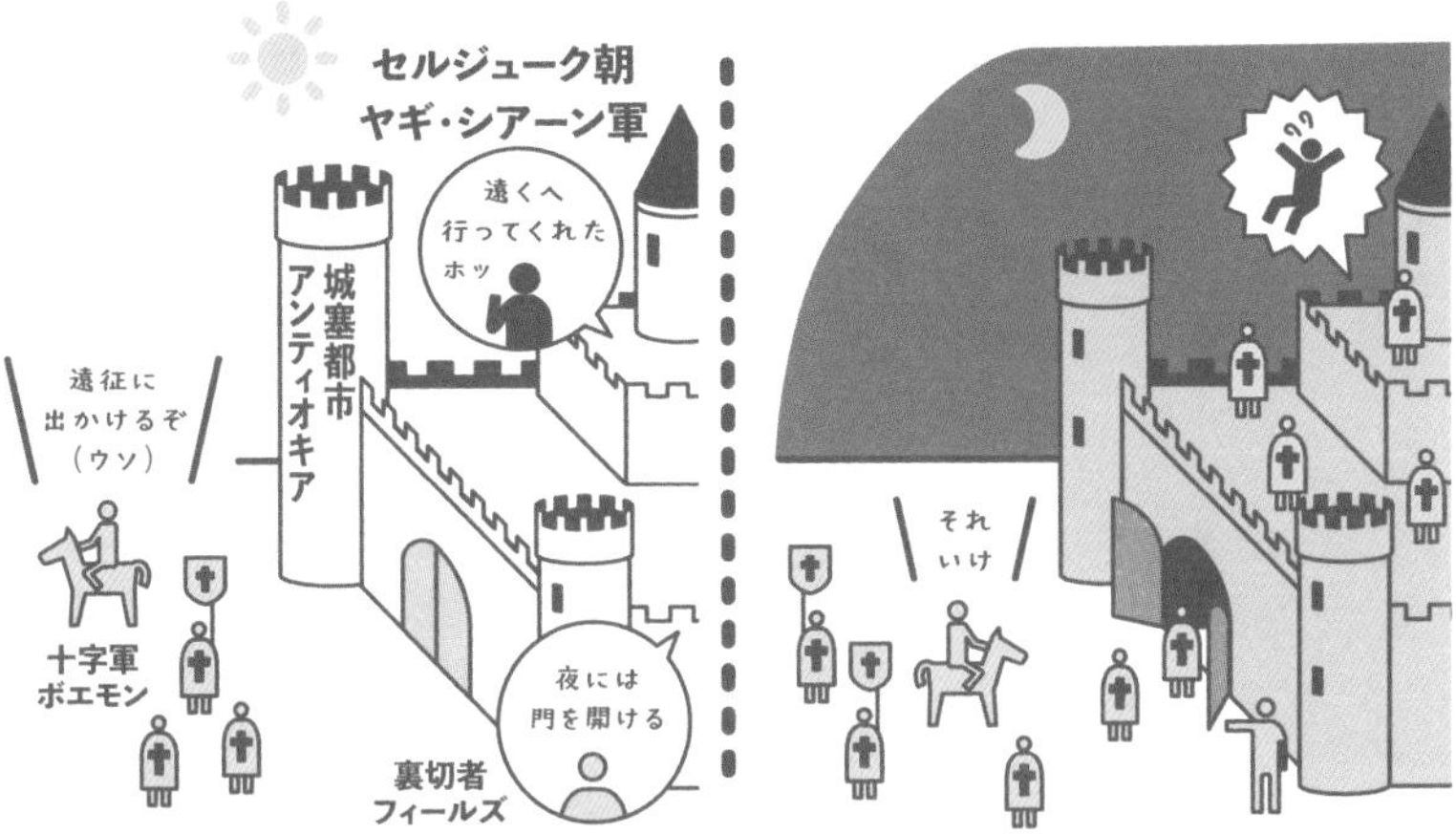
セルジューク朝
ヤギ・シアーン軍
遠くへ
行ってくれた
ホッ
城塞都市
アンティオキア
遠征に
出かけるぞ
(ウソ)
十字軍
ボエモン
夜には
門を開ける
裏切者
フィールズ
それ
いけ

逆転勝利3つのポイント

1. 十字軍側が、海上から補給(食料・武器・資材)できる場所で敵を包囲した。
2. 裏切り者の開門で陥落したアンティオキアの成功例を再現して倒すことを思いついた。
3. 遠征に出るふりをして油断させ、裏切り者が夜に開門したとき一気に城内になだれ込んだ。

敵は身内に
いたんだね…
負け犬の
遠吠え

その後は…

この土地を占拠した十字軍は、指導者の一人ボエモンが領有することに。この後、ムスリム側の援軍に逆包囲されるも苦難の末に撃退。1110 年ボエモンは戦闘に破れ、アンティオキアは再び騒乱となる。

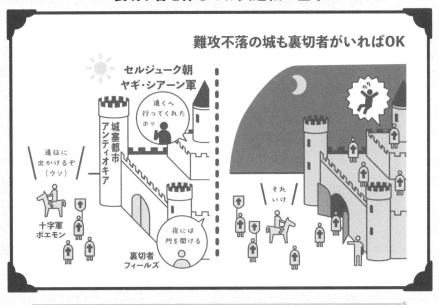

推《お》し並みに研究し尽くして大勝利!!

今度は絶対負けへんで…
アイツはたぶんこういう動きが
こっち行くかな～

第6次対仏大同盟

1813年@ザクセン王国周辺

天才ナポレオンの戦術を入念に研究、万全の対策をした

65万人 ナポレオンのフランス軍 VS **52**万人 対仏連合軍 WIN

1812年のロシア遠征で、ナポレオンは惨敗した。ロシア軍、プロイセン軍は、このチャンスに進軍を開始。英連合軍、オーストリアも参戦した。ナポレオンは自軍を再建しようとしたが、ベテラン兵士がすでにいないフランス軍は、ナポレオンの天才的な指揮をもってしても追い詰められていく。

どうして大逆転できたの？

天才ナポレオンの大失敗を見逃すな！

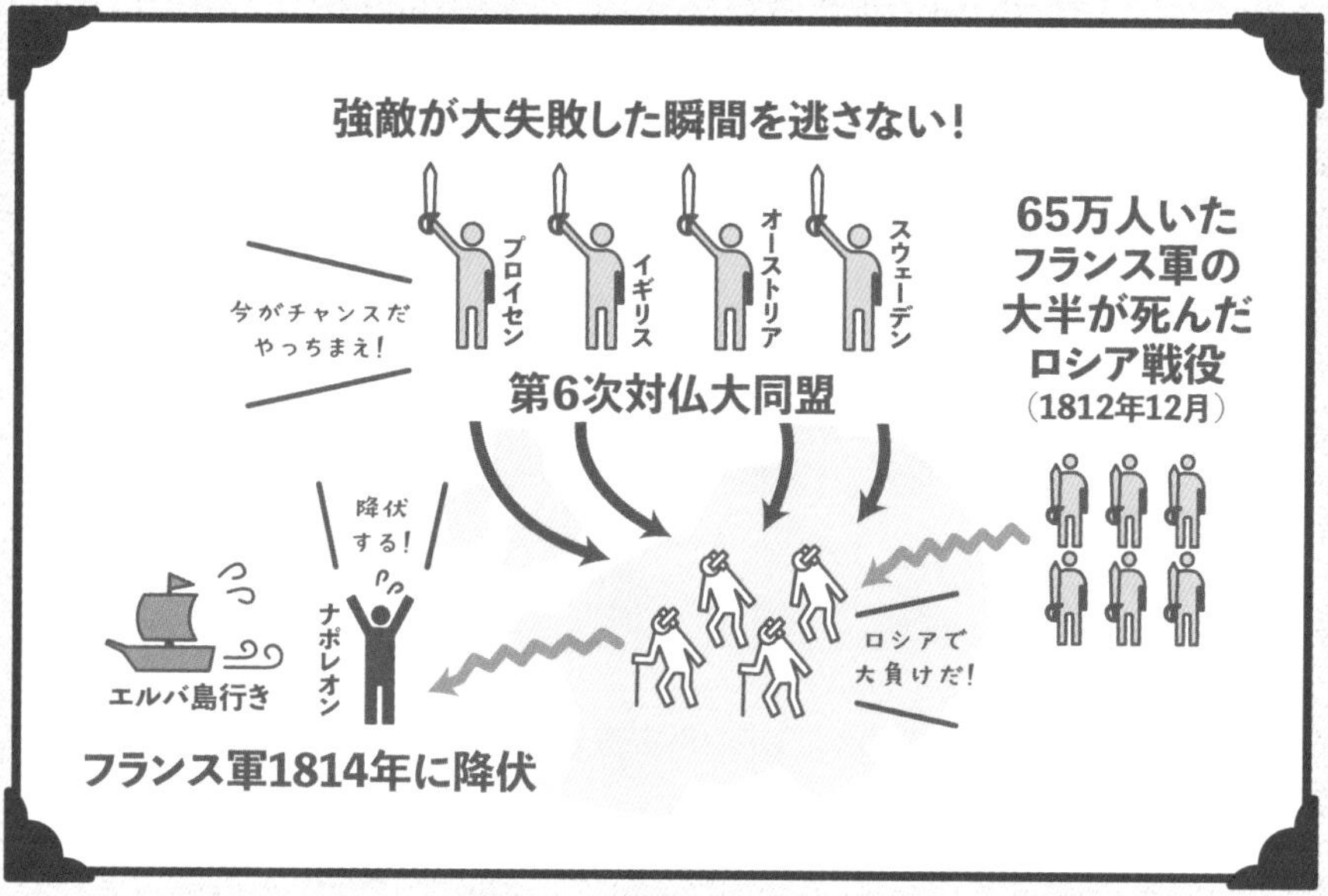

強敵が大失敗した瞬間を逃さない！
今がチャンスだ
やっちまえ！
プロイセン
イギリス
オーストリア
スウェーデン
第6次対仏大同盟
65万人いた
フランス軍の
大半が死んだ
ロシア戦役
（1812年12月）
降伏
する！
ナポレオン
エルバ島行き
ロシアで
大負けだ！
フランス軍1814年に降伏

逆転勝利3つのポイント

1. ロシア遠征失敗で、総数65万人のフランス軍が壊滅した好機を見逃さなかった。
2. プロイセンを中心に、ナポレオンの戦術を入念に研究していたグループがいた。
3. 戦場指揮の天才であるナポレオンを避け、部下の元帥の部隊を狙って戦った。

めっちゃ研究されてた…吾輩《わがはい》の推しかよ！
負け犬の遠吠え

その後は…

対仏大同盟は、６回目にしてようやく勝利を得た。ナポレオンはエルバ島に流刑となり、１年後に島を脱出して最後の決戦を行う。連合軍の勢いが増す中で、年齢的にナポレオンの能力は衰え敗北を続けた。

ダダ漏れの情報をキャッチして大勝利!!

次はミッドウェーね

ミッドウェー海戦

"WIN"

1942年@アメリカ

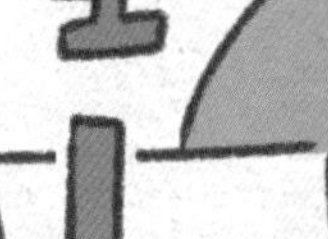
ワレラノ作戦ハ、完ペキナリ

空母 4 隻
日本軍

VS

空母 3 隻
アメリカ軍

暗号解読に全力を尽くす!

日本軍の暗号を完全解読して、米空母が待ち伏せ攻撃をしかけて完勝

楽勝楽勝
AFに6時だ！
ミッドウェーに
朝6時っス。

戦場は太平洋のほぼ真ん中に位置するミッドウェー島の北方。前年１９４１年12月に日本軍が真珠湾攻撃を実施しており、この海戦は開戦から半年後の日米決戦の戦いとなった。

　真珠湾攻撃から連戦連勝の日本軍。しかし最大の敵、米国艦隊を捕捉できず、米国空母を誘い出すための戦いとして日本海軍が計画し実施したのがミッドウェー海戦だった。

　日本海軍は、米海軍の空母をおびき寄せて撃沈すること、ハワイ攻略への足掛かりにミッドウェー島の基地化を計画。一方の米軍側は、暗号解読により劣勢を逆転して、日本海軍に大打撃を与えることを狙っていた。

戦いの流れを大解説!!

日本軍は島を攻撃

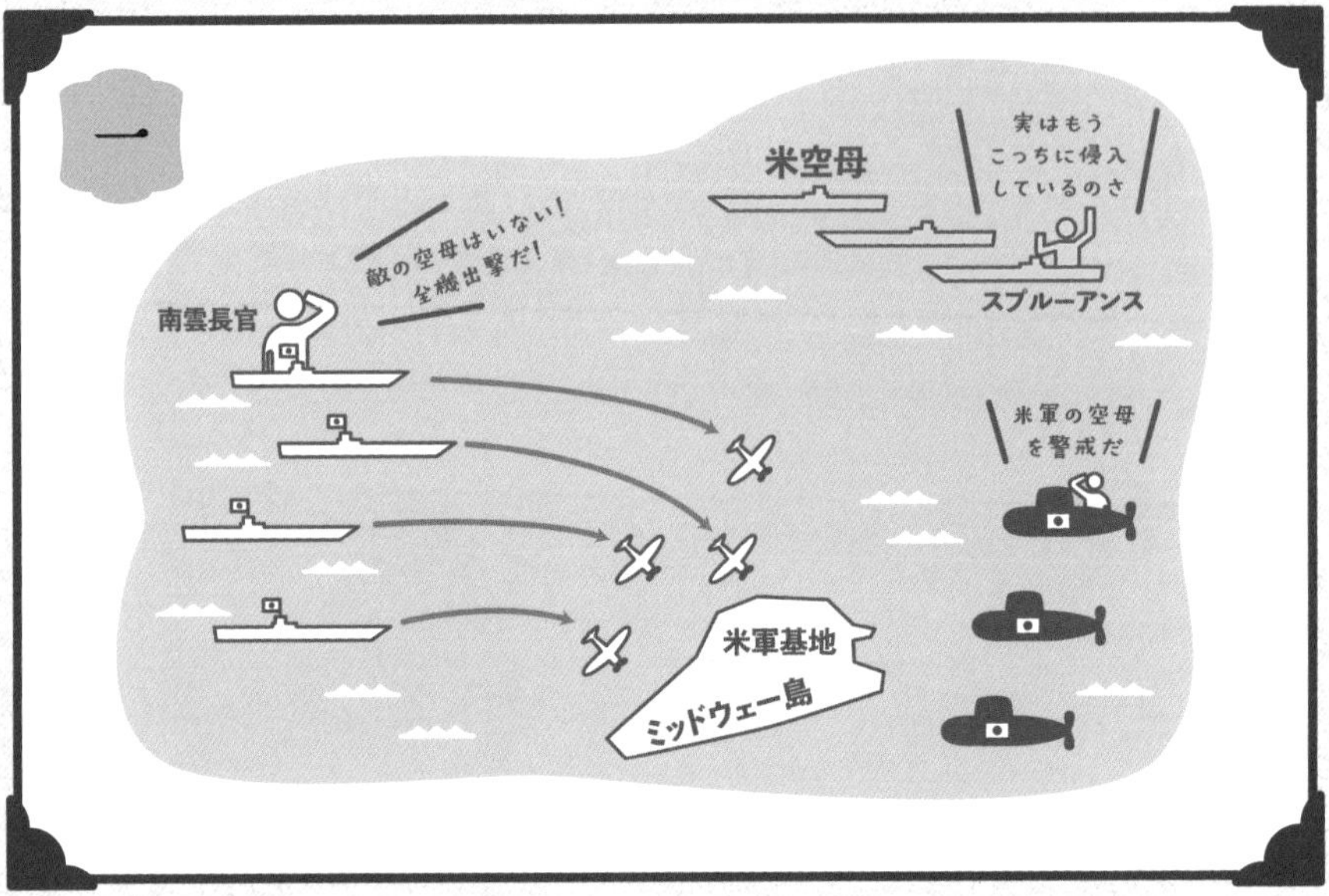

暗号は米軍側に完全にバレていた

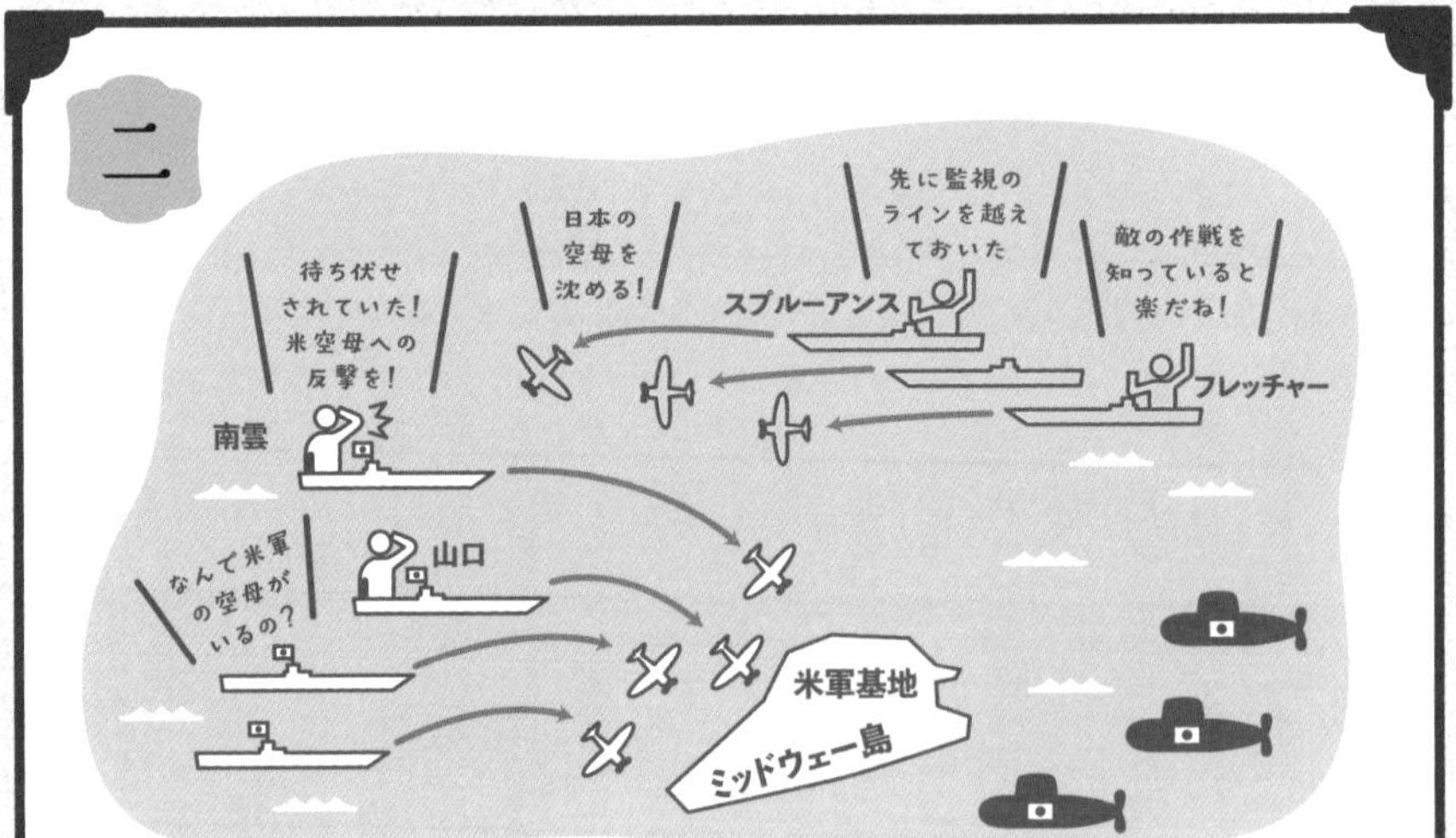

主力空母4隻が沈む大敗北

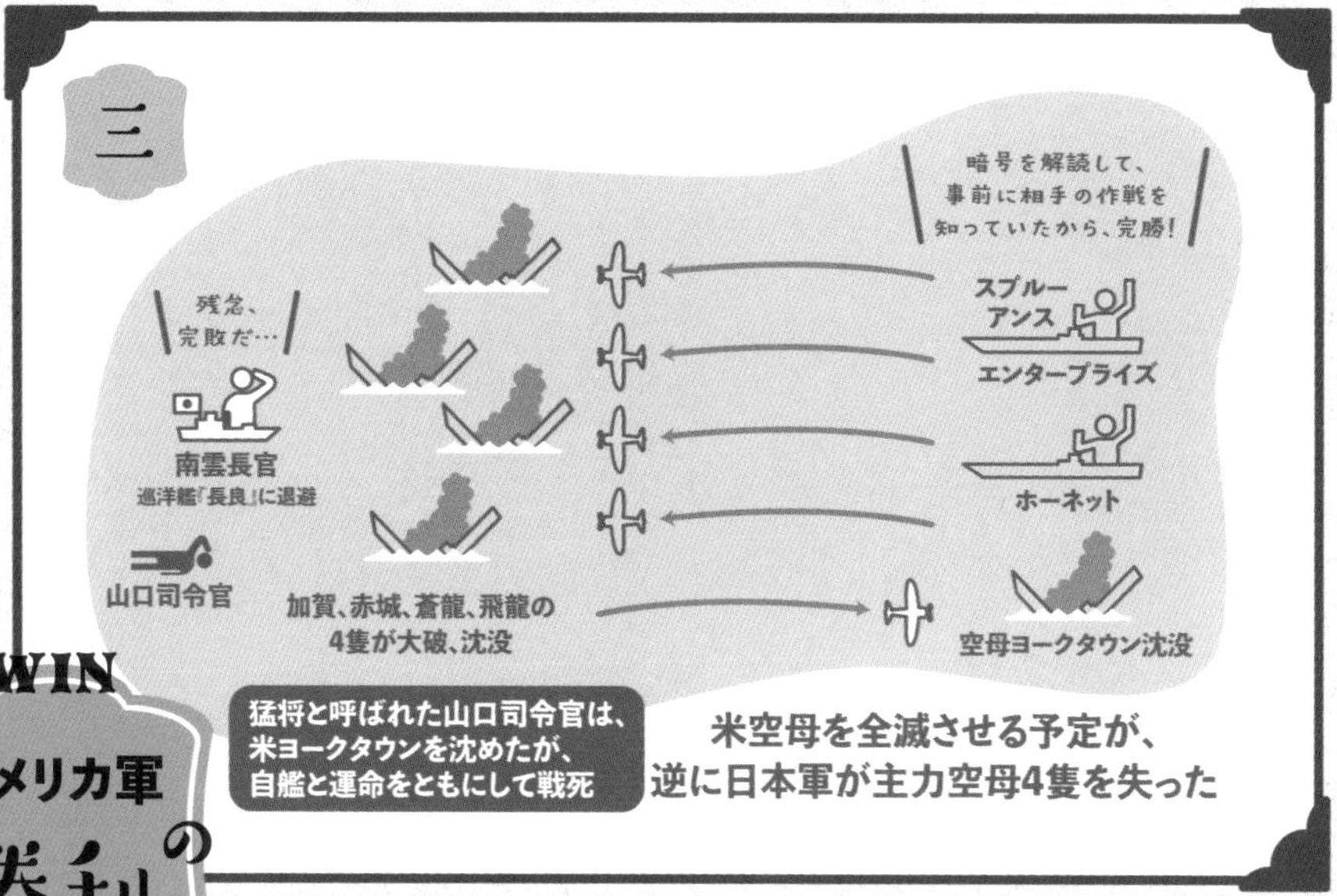
三
暗号を解読して、
事前に相手の作戦を
知っていたから、完勝!
残念、
完敗だ…
南雲長官
巡洋艦「長良」に退避
山口司令官
加賀、赤城、蒼龍、飛龍の
4隻が大破、沈没
スプルーアンス
エンタープライズ
ホーネット
空母ヨークタウン沈没
猛将と呼ばれた山口司令官は、
米ヨークタウンを沈めたが、
自艦と運命をともにして戦死
米空母を全滅させる予定が、
逆に日本軍が主力空母4隻を失った

WIN アメリカ軍の勝利

逆転勝利3つのポイント

1. 1897年から日本を仮想敵国と設定。米海軍大学校の大改革とあわせて戦争準備していた。
2. 日本軍の暗号解読に全力を注ぎ、情報収集を徹底して行っていた。
3. 日本軍が潜水艦で監視網を作る前に、米空母軍が監視ラインの内側まで進出していた。

全部、筒抜けだったなんて。泣ける〜!
負け犬の遠吠え

その後は…

日本海軍は、虎の子の南雲艦隊をほとんど失い、二度と同じレベルの戦力を持てなかった。優秀な戦闘機のゼロ戦と優秀なパイロットが壊滅すると、米軍は勝ち続け、1945 年 8 月 15 日に終戦した。

調子に乗った敵を一網打尽にして大勝利!!

まあまあじゃない？
どうかなあ〜
どうでしょ？
板垣

上田原の戦い

1548年@長野県上田市

武田軍が勝ったと思って油断、
戦闘をゆるめた一瞬のスキに大逆転！

武田軍		村上軍
8000	VS	5000 WIN

村上氏は、鎌倉時代から続く名門で、信濃地域を支配したが、急成長した武田軍と信濃統一をかけて、勢力争いを続けていた。村上氏を打倒するため、武田晴信（のちの信玄）が挙兵。総数約8000人の大軍で進軍した。村上氏も拠点の葛尾《かつらお》城から出て上田平野で陣を構え、迎え討つ形となった。

どうして大逆転できたの？

武田軍の四天王・板垣の気のゆるみが敗北へとつながった

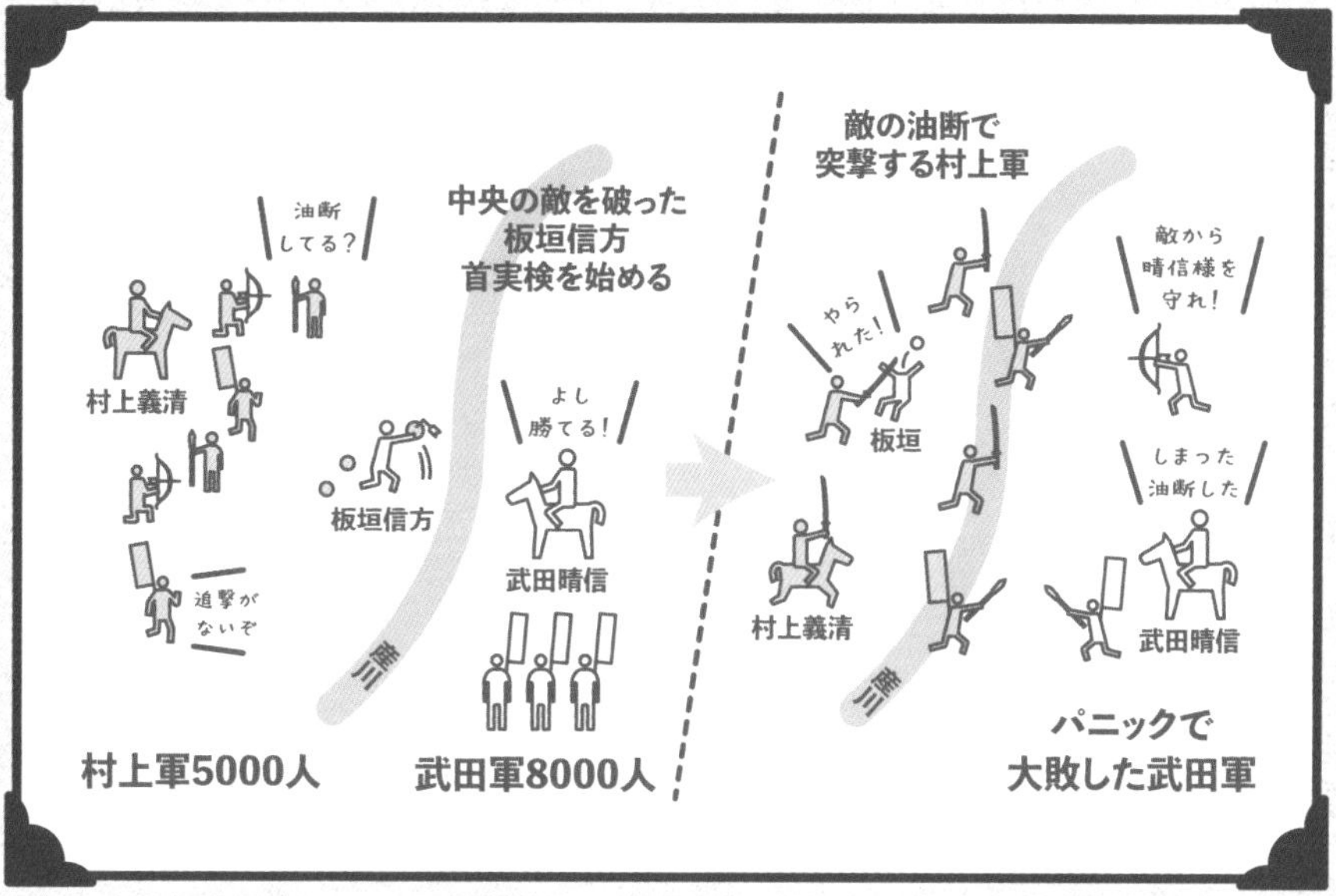
油断してる？
村上義清
中央の敵を破った
板垣信方
首実検を始める
よし勝てる！
板垣信方
武田晴信
追撃がないぞ
産川
村上軍5000人
武田軍8000人
敵の油断で
突撃する村上軍
やられた！
板垣
敵から晴信様を守れ！
しまった油断した
村上義清
武田晴信
産川
パニックで
大敗した武田軍

逆転勝利3つのポイント

1. 村上軍がトップの猛将義清を含めて、戦意が高く指導力もあったこと。
2. 武田軍の四天王の一人、板垣信方が村上軍の陣地を突破して敵陣中央まで侵入した。
3. 敵が逃げると思った板垣が攻撃をゆるめて首実検を始め、反撃に出た村上軍に討たれた。

ちょっと調子に乗りすぎました…
負け犬の遠吠え

その後は…

武田四天王の武将のうち２人が戦死。武田軍は、内部分裂などで一時不安定になるも、その後に勢力を盛り返す。信玄はこの戦闘で初めて敗北を経験。のちに村上氏を信濃地域から追い出す前の屈辱だった。

マスクの天才的なジャッジで世界一のメーカーに成長したテスラ

逆転勝利にタイミングは重要です。強敵がほんの一瞬、無防備になるとき。自分の攻撃が、通常の何倍もの威力になるようなとき。そんなときは弱者が逆転勝利する絶好のチャンスです。

電気自動車の世界的なメーカーとなったテスラ社。2003年に創業した同社は、当時不可能といわれていた電気自動車の商業生産に挑み、大成功を収めました。それまで電気自動車は、航続距離の短さ、価格の高さ（バッテリーが高額のため）のため、商業的に販売することはできないと思われていました。

製品開発の時期から途中参画した著名起業家のイーロン・マスクは、リチウムイオンバッテリーの性能向上と制御技術の発達を詳細に調べていました。蓄電池に関する近い将来の技術向上を見越して、商用電気自動車が可能になることに賭けたのです。技術的にははるかに優位にあった他社も、蓄電池技術の性能向上を予期しなかったことで、電動化の参入に大きく遅れをとりました。

テスラは最適なタイミングを見極め、先駆者としてブランド化と商業化の2つに成功して、2023年には時価総額世界一の自動車メーカーになるという、大偉業を成し遂げたのです。

CHAPTER 4

【相手の力】を分断して大勝利!!

大きな力に勝つにはどうしたらよいでしょうか？　答えの1つが、「敵の力を小さくする」ことです。第4章では、敵を弱体化させるさまざまな知略を紹介します。

絶世の美女を贈って大勝利!!

呉越《こえつ》戦争

紀元前514-496年@中国江蘇省

絶世の美女・西施《せいし》を贈り、敵国の王を夢中にさせて大逆転

呉軍		越軍
敵国を滅ぼす寸前	VS	奴隷王 WIN

古代王朝の呉は、最大のライバル国の越に最終的に滅ぼされる。呉は王闔閭《こうりょ》の代に、遠征中に越に侵略されたことで、越は呉の仇敵になった。

次代の呉王である夫差《ふさ》は、越の王を一度は戦争で圧倒し、自身の奴隷とした。しかし、越の策略で釈放してしまい、お互いを憎悪する抗争に発展していく。

どうして大逆転できたの？

呉の王は絶世の美女に目がくらみ、国政がおろそかになった

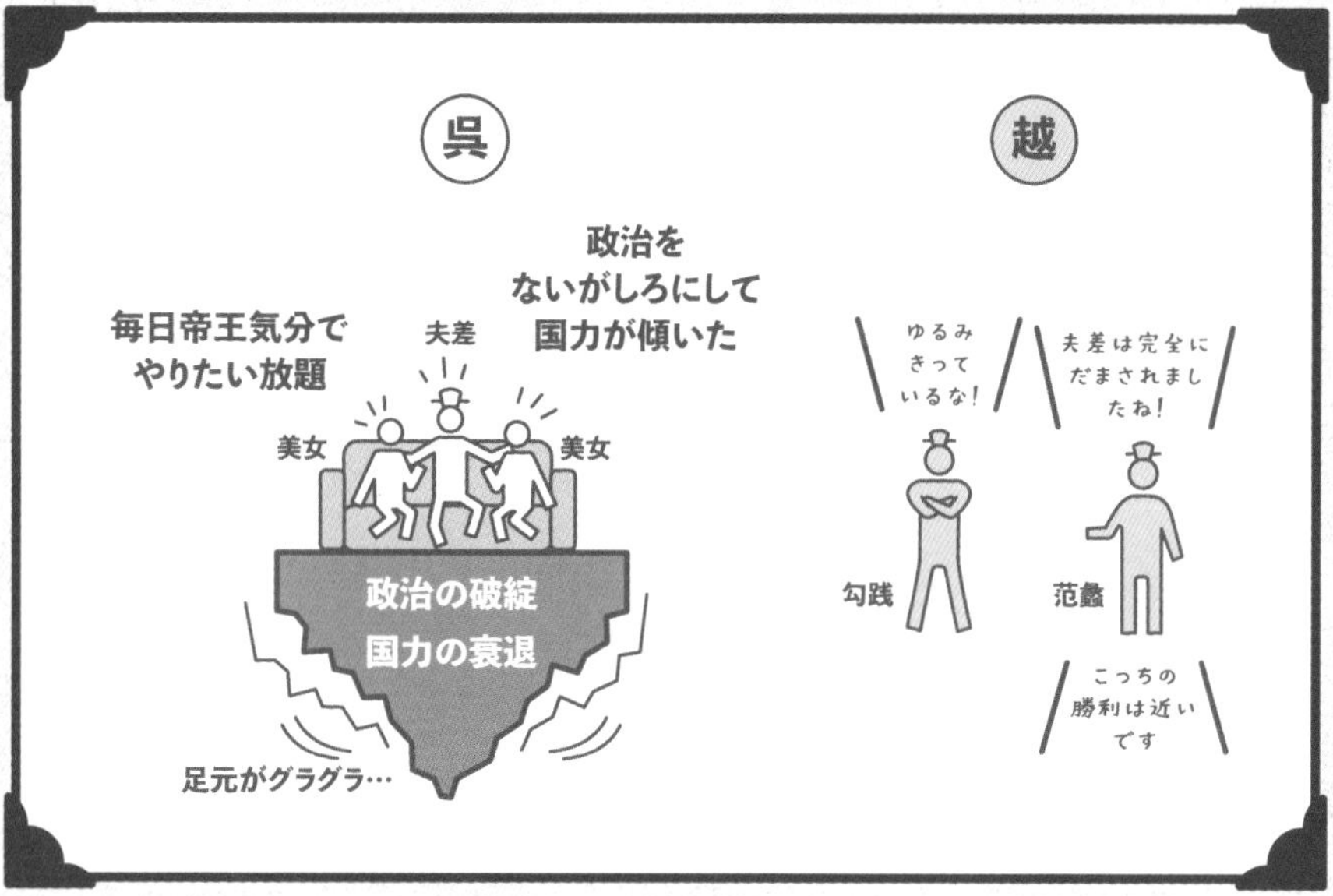
呉
越
毎日帝王気分で
やりたい放題
政治を
ないがしろにして
国力が傾いた
夫差
美女
美女
政治の破綻
国力の衰退
足元がグラグラ…
ゆるみ
きって
いるな！
夫差は完全に
だまされまし
たね！
勾践
范蠡
こっちの
勝利は近い
です

逆転勝利3つのポイント

1. 奴隷とされた越王・勾践《こうせん》の臣下である范蠡《はんれい》が、知略・謀略において抜群に優れていた。
2. 夫差は一時的な勝利を最終決着と思い込み、敵の策略もあり、別の目標に熱中した。
3. 絶世の美女たちを越から贈られて、夫差は国政をおろそかにして敗北した。

わかりやすいハニートラップにかかっちゃったよう…
負け犬の遠吠え

その後は…

呉の王・夫差は、越の王を戦争で捕虜にしたとき、哀れに思い命を助けた。今度は越が勝ち、夫差が負けたとき、夫差は許されずに命を奪われた（自害したとも）。その約 150 年後に楚によって越は滅んだ。

相手の大将のワガママで大勝利!!

えー!!

湊川《みなとがわ》の戦い

1336年@日本（兵庫県神戸市）

WIN

苦しい戦いになるが、絶対に引かぬ!

1.7万人
後醍醐天皇軍

VS

5万人
足利尊氏軍

正成には何度も煮え湯を飲まされた!

名将として名高い楠木正成が戦死した、天下分け目の戦い

現在の兵庫県にある湊川で、九州から来た足利尊氏軍と後醍醐天皇側の武将、楠木正成・新田義貞軍が激突。この当時、鎌倉幕府末期は、武士と天皇勢力が抗争した時代だった。

足利尊氏は後醍醐天皇に対して反乱を起こした。しかし名将楠木正成に一度は破れて九州に移動。その後、尊氏軍は、後醍醐天皇に不満を持つ有力武将を九州で味方につけて強大になる（→多々良浜の戦い、p.104）。勢力を増やして再び京都に攻め入る尊氏、湊川の戦いは、一度は破れた正成軍に挑戦する戦いとなった。負けを知りつつ尊氏軍を迎え撃つ正成側は、絶望的な劣勢となりながら、悲壮な覚悟で最期まで戦った。

戦いの流れを大解説!!

負けを覚悟した戦いに挑む、楠木兄弟

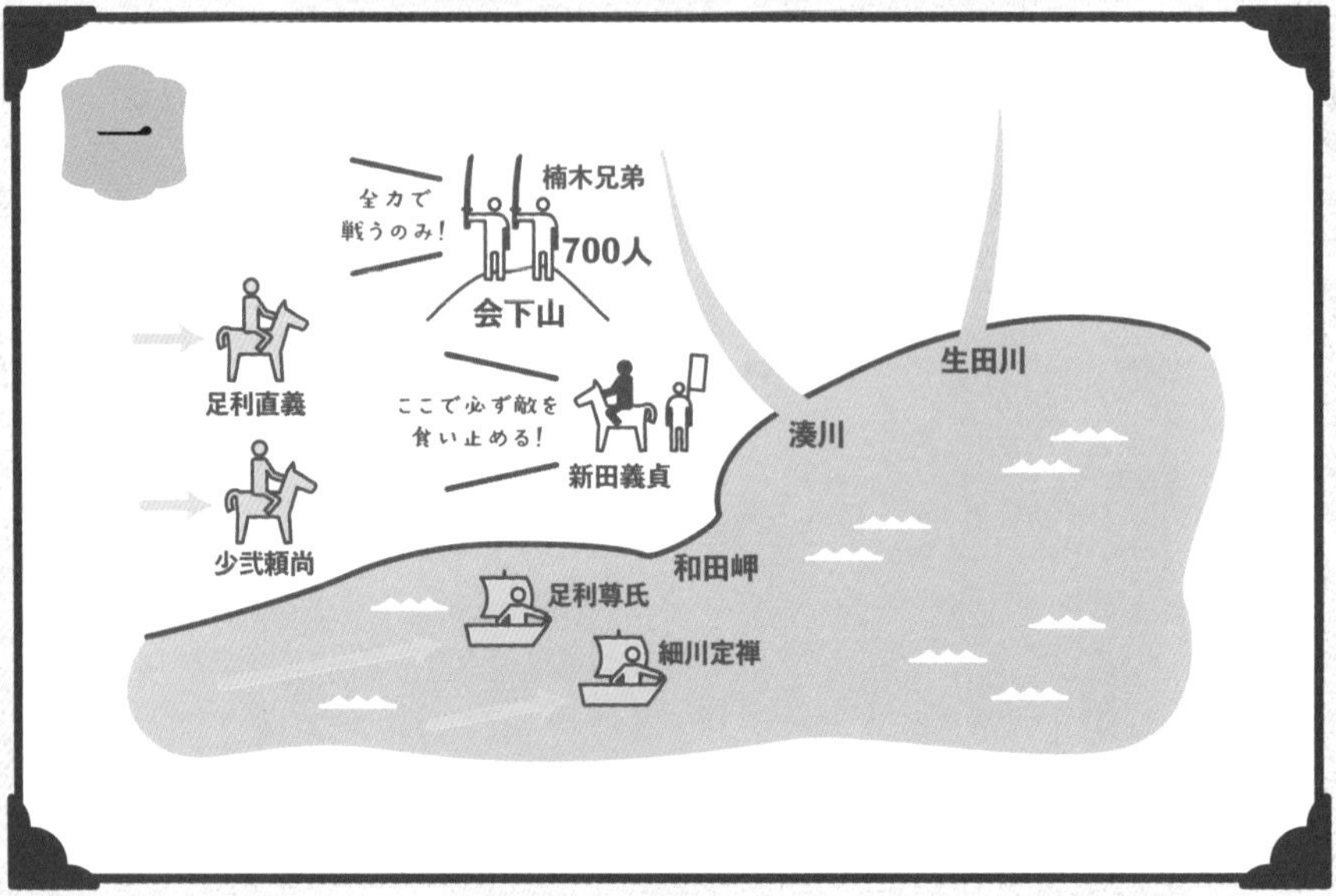
一
全力で戦うのみ!
楠木兄弟
700人
会下山
足利直義
ここで必ず敵を食い止める!
新田義貞
湊川
生田川
少弐頼尚
和田岬
足利尊氏
細川定禅

東に誘導される新田軍

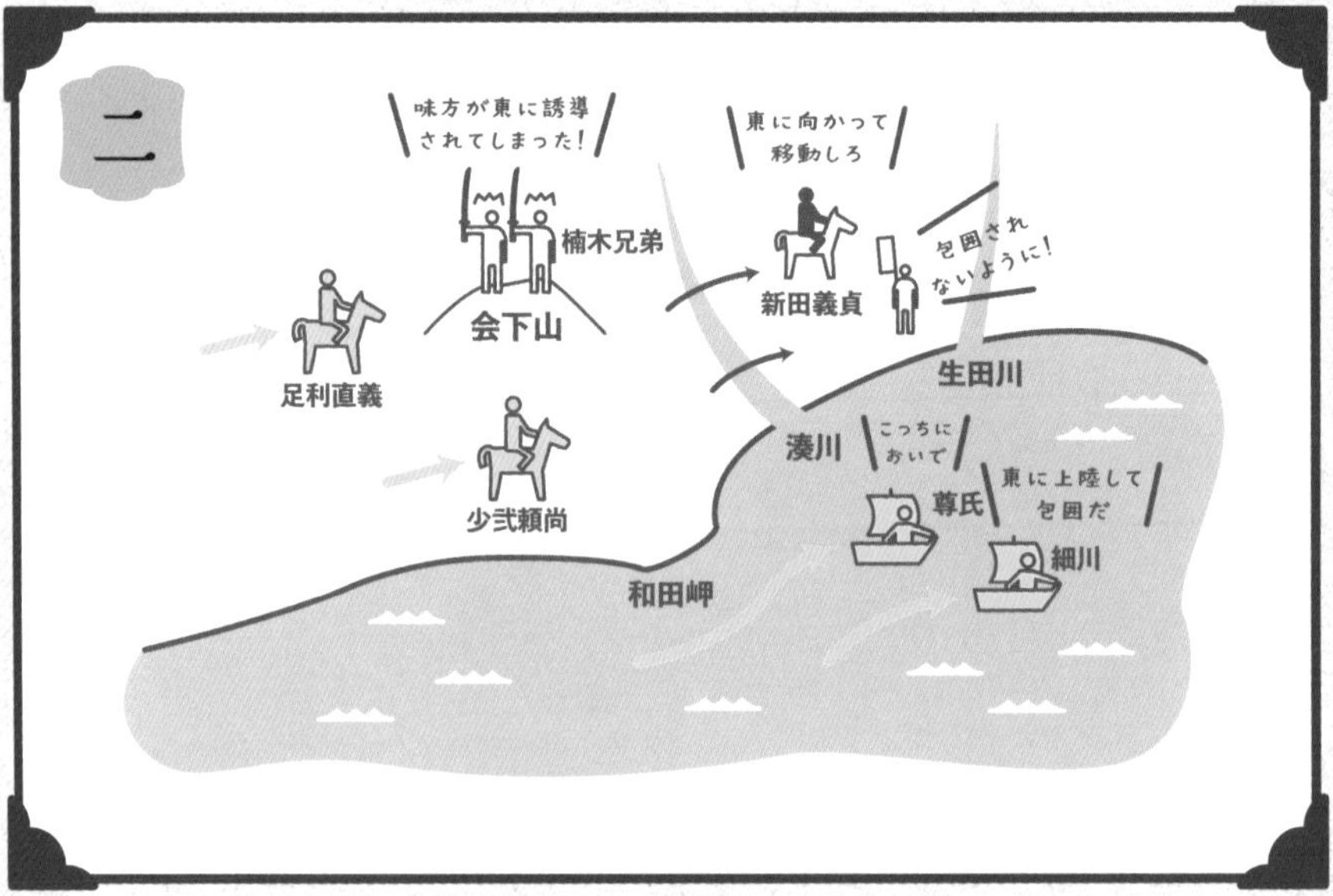
二
味方が東に誘導されてしまった!
東に向かって移動しろ
楠木兄弟
新田義貞
包囲されないように!
会下山
足利直義
生田川
湊川
こっちにおいで
尊氏
東に上陸して包囲だ
細川
少弐頼尚
和田岬

分断され、包囲される正成軍

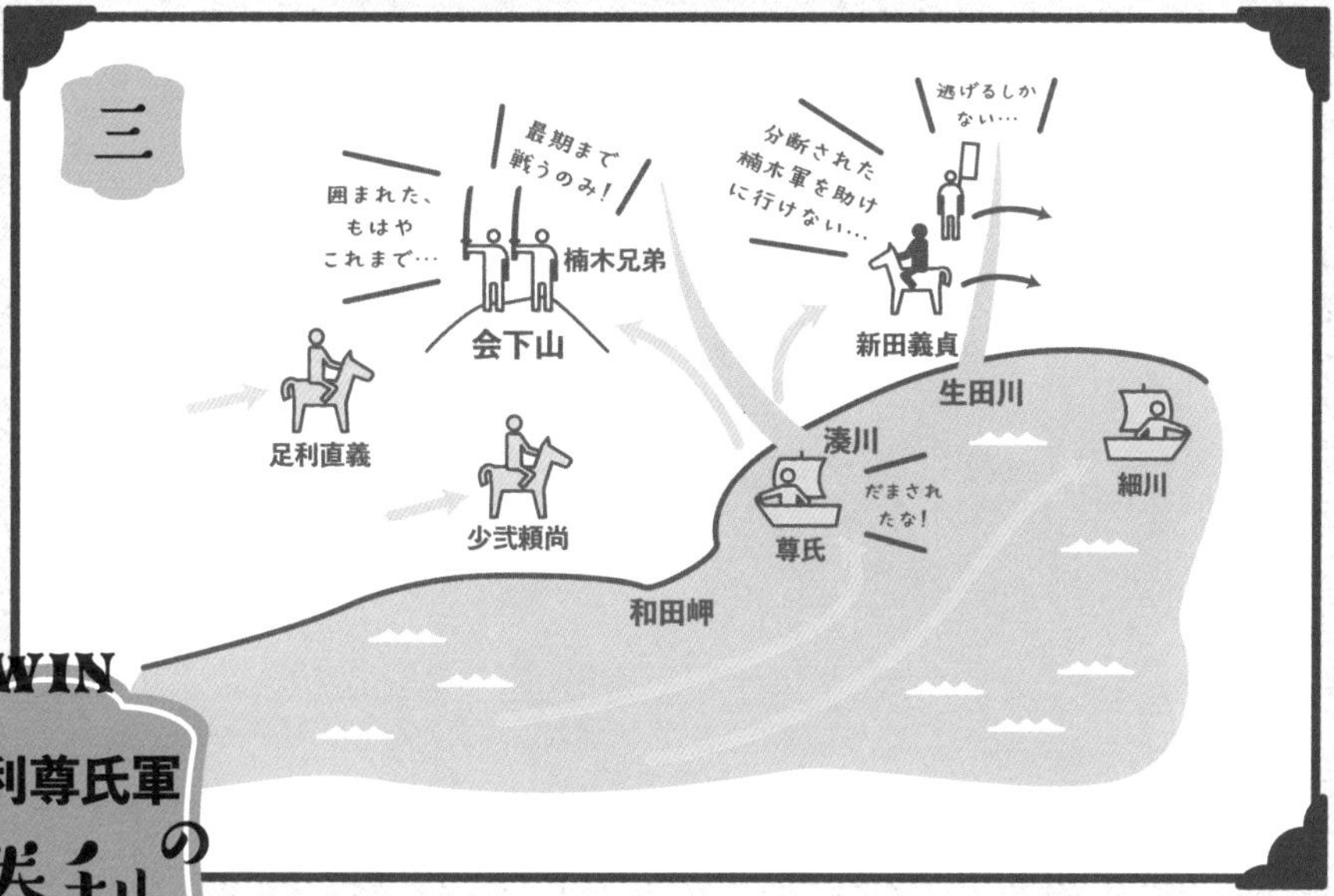
三
最期まで戦うのみ!
囲まれた、もはやこれまで…
楠木兄弟
会下山
分断された楠木軍を助けに行けない…
逃げるしかない…
新田義貞
生田川
足利直義
湊川
細川
少弐頼尚
だまされたな!
尊氏
和田岬

WIN
足利尊氏軍の勝利

逆転勝利3つのポイント

1. 後醍醐天皇が名将・楠木正成の作戦を否定し、戦う前から劣勢に陥っていた。
2. 尊氏軍は水軍と陸軍の2つで攻め、水軍で新田義貞の後ろに回り込んでいった。
3. 相手の陣にすき間ができ、その中間地点に尊氏が上陸して正成を包囲、殲滅した。

負け犬の遠吠え

後醍醐天皇が作戦を受け入れてくだされば…

その後は…

足利一族は、苦杯を飲まされていた名将の楠木正成を倒した。後醍醐天皇側は逆転できず、1336年に足利氏による室町幕府が成立するが、後醍醐天皇は奈良に逃れて南朝を樹立。尊氏は弟の直義と仲たがいして戦乱が続いてしまう。

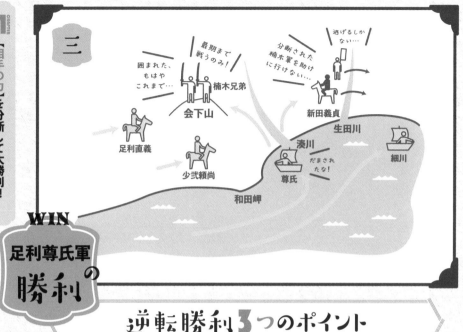

大軍をたくさんの小軍にして大勝利!!

サルフの戦い

1619年@現在の中国遼寧省

馬で高速移動しながら、
相手を各個撃破した

16万人 VS 6万人

明軍　後金軍

WIN!

内乱や異民族との抗争で衰退する明に、北方の女真族《じょしん》族ヌルハチが宣戦布告を行った。

明は周辺部族を懐柔するために女真族の団結を防ごうと政治や戦争に介入するが、1616年に後金国が成立。食料問題などの解決のため領土を広げたい後金が撫順《ぶじゅん》占領を始め、明が大軍を動員する戦いになっていく。

どうして大逆転できたの？

バラバラに到着する敵はスピードで圧倒し、各個撃破

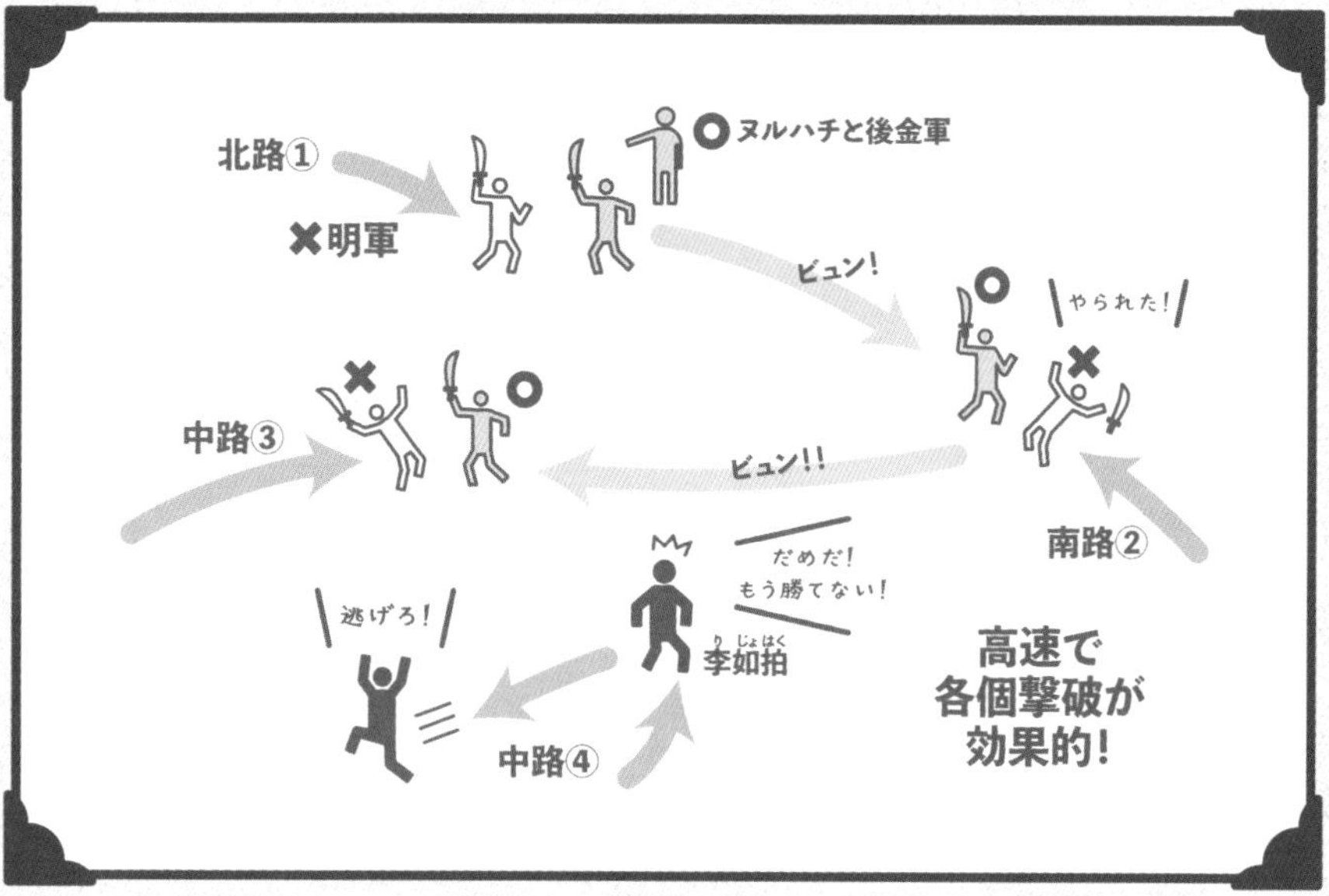
北路①
×明軍
○ヌルハチと後金軍
ビュン！
やられた！
中路③
ビュン!!
南路②
だめだ！
もう勝てない！
逃げろ！
李《り》如拍《じょはく》
中路④
高速で
各個撃破が
効果的！

逆転勝利3つのポイント

1. 2倍を超える総兵力がありながら、戦場にばらばらに到着して統率がなかった明軍。
2. 明軍主力の3万（杜《と》松《しょう》軍）に対し、ヌルハチは最前線から抜けて守備隊から攻撃する。
3. 4つの進軍路の残り3軍を、各明軍が連合する前に速戦に持ち込んで、各個撃破する。

負け犬の遠吠え

僕の軍の兵士、あんなにいっぱいいたのに…

その後は…

サルフの戦いで、明軍は16万人のうち5万人近くが戦死し、後金などの対外勢力への守勢で精一杯となった。陽動作戦と奇襲の名人だったヌルハチは、明軍にたびたび勝利するも1626年の戦傷がもとで死去。

裏切りの約束をさせて大勝利!!

ウチのチームなら報酬2倍♡
ダほんと?
入る入る!!
東軍2倍キャンペーン
オ…オレも裏切ろうかな…

関ケ原の戦い

1600年@日本(岐阜県関ケ原)

家康の実力を知る吉川広家が、西軍を裏切る約束をしていた

8.2万人 vs 7.4万人 WIN

豊臣恩顧の西軍　徳川家康の東軍

信長死去の後、天下人となった豊臣秀吉や配下の前田利家が亡くなったことで、家康が勢力を伸ばした。家康は秀吉に臣従はしていたが、残った豊臣家には家康を臣下にする実力がなかった。家康は、豊臣家の中の反家康陣営の打倒を計画、豊臣側(石田三成や毛利輝元)は危険な家康の排除を狙った。

どうして大逆転できたの？

策略家の家康が手腕を振るい、戦う前から有利な状態に

相手の中に裏切りを約束した者がいた

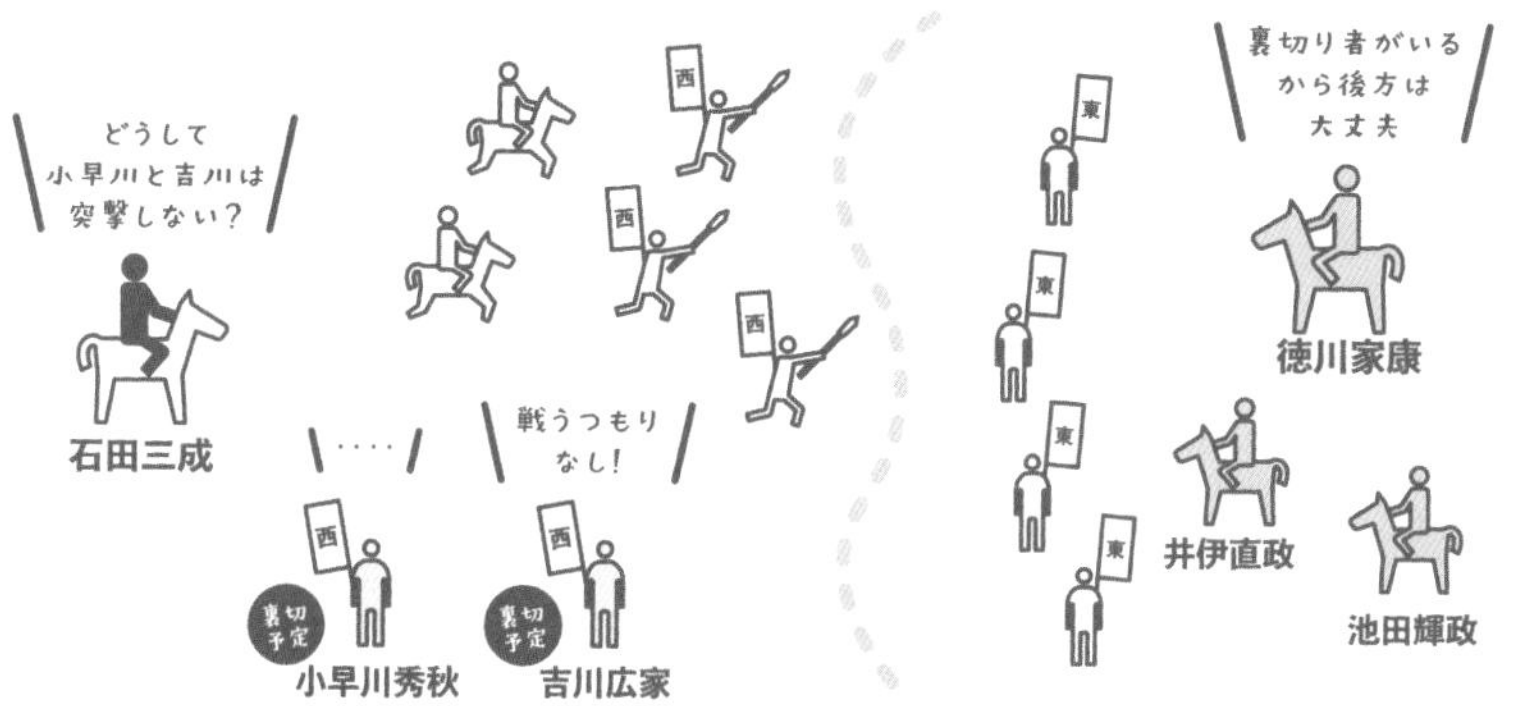
どうして小早川と吉川は突撃しない？
石田三成
西
・・・・
戦うつもりなし！
裏切予定
小早川秀秋
裏切予定
吉川広家
東
裏切り者がいるから後方は大丈夫
徳川家康
井伊直政
池田輝政

重要な場所に裏切予定者がいた西軍が負けた

逆転勝利3つのポイント

1. 上杉討伐に動くと見せかけ、家康の不在を豊臣側にチャンスと思わせた（実はワナ）。
2. 西軍・毛利家の家臣、吉川広家に裏切りを約束させ、毛利軍の不参加も予測できた。
3. 家康本陣が前に進んで優勢のふりをし、西軍・小早川秀秋も味方につけようと誘った。

仲間に裏切られて大ショック…
負け犬の遠吠え

その後は…

西軍・吉川軍は家康本陣を後方から攻撃できる位置にあったが、吉川広家が事前の約束通り西軍の邪魔をして家康の勝利に。しかし、戦後、徳川との約束は一部守られず、毛利家は大きく領地を削られてしまう。

デキる艦長を多数そろえて大勝利!!

トラファルガーの海戦

1805年@スペインのトラファルガー岬

すぐ連絡ができない海上で、乱戦でも自己判断ができた側が劇的に勝利

フランス海軍&スペイン海軍		イギリス海軍
戦艦 33隻	VS	戦艦 27隻 WIN!!

絶頂期のナポレオンが、欧州へ干渉を続ける英国の打破を狙う。フランス・スペイン艦隊が英国の監視船に発見され、トラファルガー沖で戦闘になった。

フランスは当時最強の陸軍を誇り、対仏大同盟の盟主英国の打倒を狙う。海に囲まれた英国は、フランスの海軍力を完全粉砕することを狙った。

どうして大逆転できたの?

海戦上手なネルソン総督と優秀な艦長たちの判断が光った

分断されるフランス・スペイン艦隊
1805年10月21日

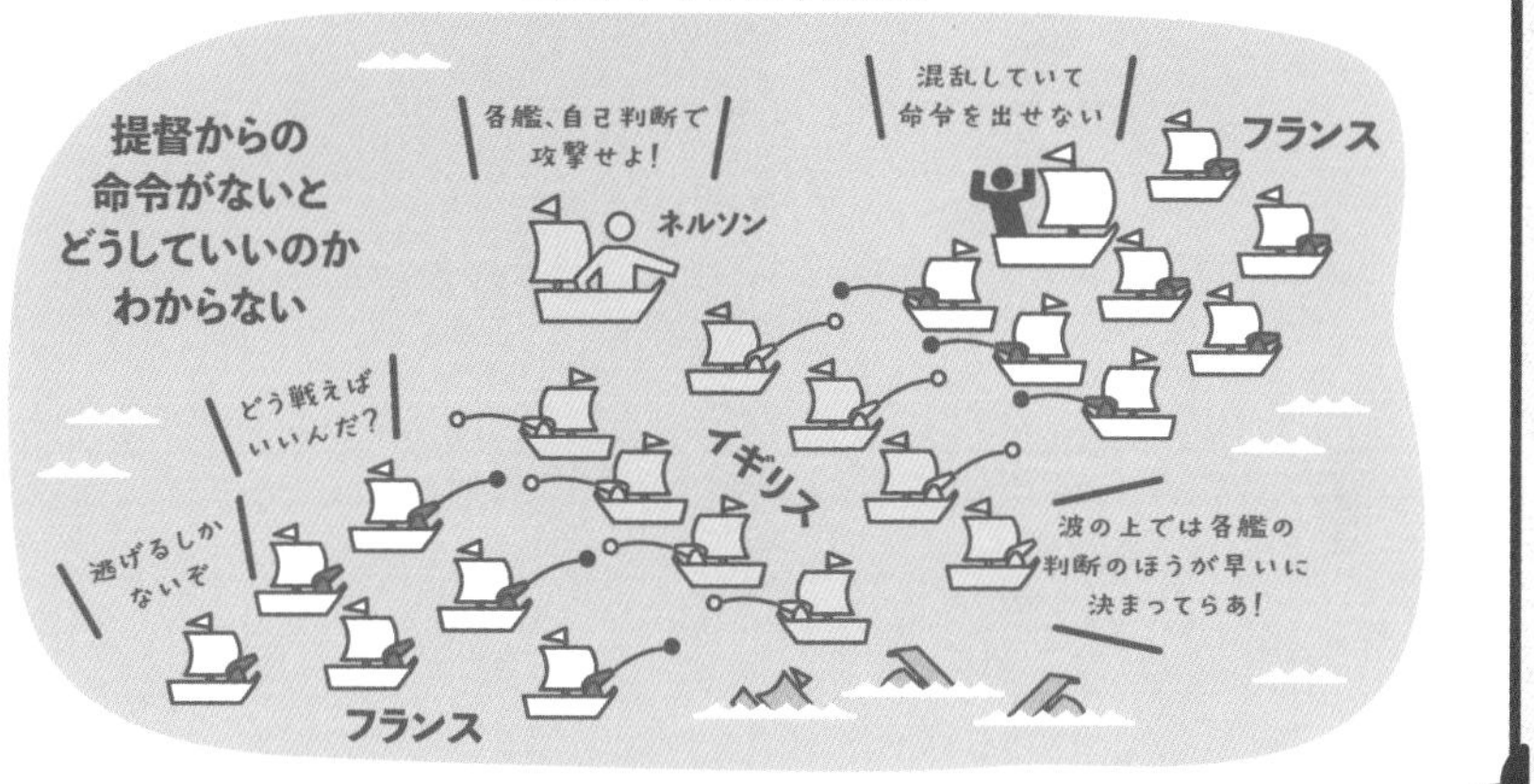
提督からの命令がないとどうしていいのかわからない
各艦、自己判断で攻撃せよ!
ネルソン
混乱していて命令を出せない
フランス
イギリス
どう戦えばいいんだ?
逃げるしかないぞ
波の上では各艦の判断のほうが早いに決まってらあ!
フランス

逆転勝利3つのポイント

1. 筋金入りの海戦上手であるネルソン提督が、英国海軍を指揮していたこと。
2. 英海軍は、各艦の艦長が自己判断でベストの攻撃判断をできるよう教育をしていた。
3. 即時連絡が難しい海上で、ネルソン艦隊がフランス側に突撃し乱戦を仕掛けたこと。

相手の戦闘力、チートでしょ!
負け犬の遠吠え

その後は…

トラファルガー海戦で英国上陸の意図は完全に消滅したが、陸戦においてフランス軍は優位に立ち回り、アウステルリッツの戦いでナポレオンは大勝利。しかしナポレオン絶頂期にも英国への攻撃はできなかった。

敵の反対勢力を裏切らせて大勝利!!

わかるー
アイツムカつくんスよ
最近イキりすぎ
西ゴート王ロデリック
えっワシ?

グアダレーテ河畔の戦い

711年@スペイン南部

西ゴートの貴族が王を裏切って戦場から撤退、そのすきを突いて大勝利

西ゴート王国軍	vs	イスラム・ウマイヤ朝軍 WIN
3.3万人		1.2万人

西ゴート王国は、ジブラルタル海峡をわたって来襲するウマイヤ朝の欧州侵略に悩まされていた。数年前、クーデターにより王位を奪った西ゴートの王ロデリックが北方の部族の反乱を鎮圧に向かったすきに、イスラム軍がスペインに上陸。ロデリックは反転し迎撃したが、敵は身近にいたのだった。

どうして大逆転できたの?

敵に仲間割れをさせて、戦闘前に兵力を減らしておいた

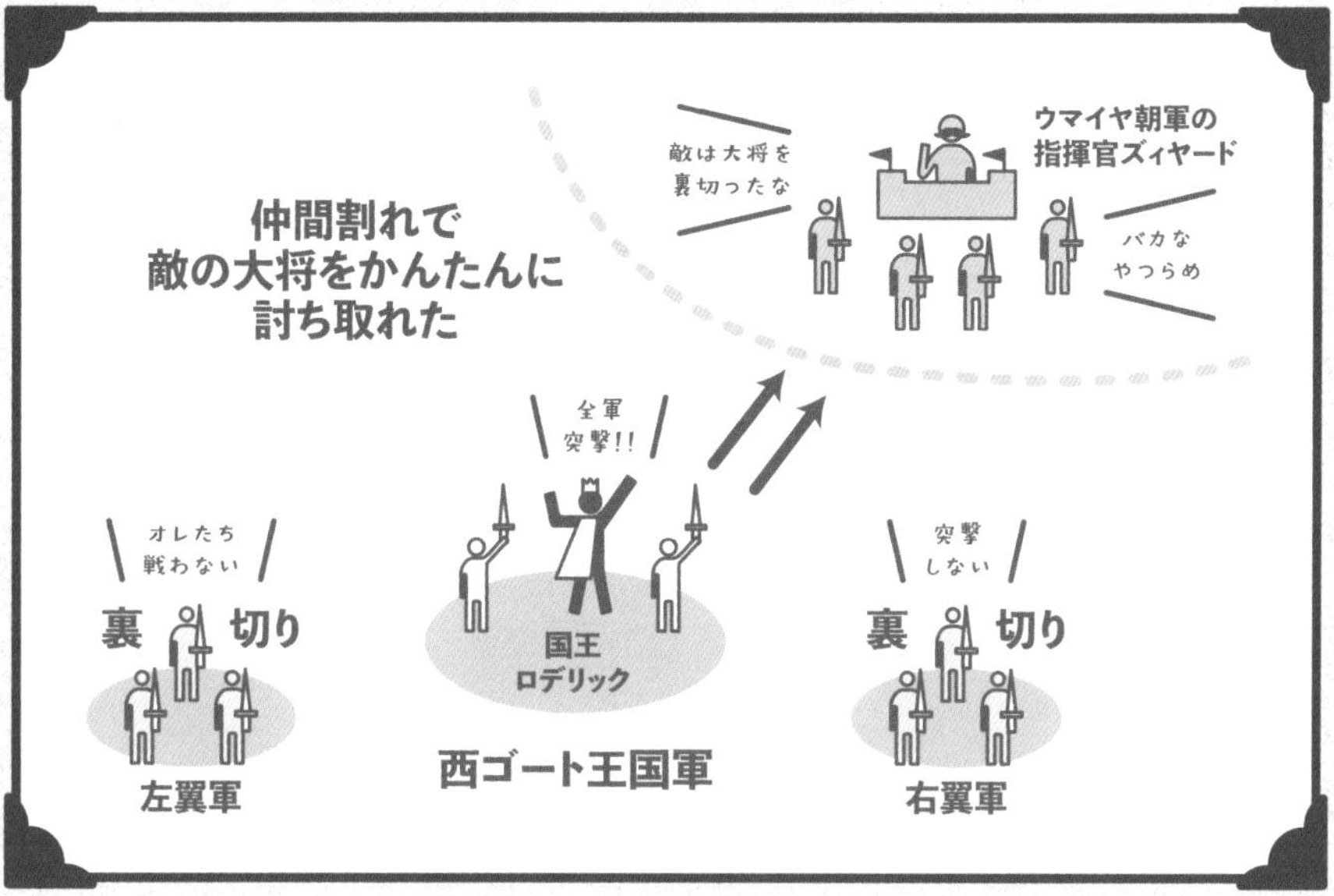
ウマイヤ朝軍の
指揮官ズィヤード
敵は大将を
裏切ったな
バカな
やつらめ
仲間割れで
敵の大将をかんたんに
討ち取れた
全軍
突撃!!
オレたち
戦わない
裏 切り
左翼軍
国王
ロデリック
西ゴート王国軍
突撃
しない
裏 切り
右翼軍

逆転勝利3つのポイント

1. 西ゴート王国の内部分裂から、西ゴートの貴族たちがウマイヤ朝の軍司令官と内通。
2. 西ゴートの王ロデリックが戦場で部隊とともに孤立したときに、騎兵で一斉攻撃。
3. 西ゴートの裏切り部隊が撤退したすきに、ロデリックの軍を3方向から包囲して殲滅。

国を売った
貴族たち、
許さん!!!
負け犬の
遠吠え

その後は…

裏切った貴族の多くもこの戦場で命を失い、戦闘の 5 年後の 716 年には西ゴートの首都が陥落、貴族たちも殺された。718 年には西ゴート王国の残党が滅亡。内通は、死と祖国の消滅という高い代償となった。

〝デンマークぼっち作戦〟で大勝利!!

あれっ？
どうしたのかな～？
こっちの味方だよ～ん
くっそ～っっ

第2次デンマーク戦争

1864年@現在のデンマーク

列強の政治干渉から前回負けたプロイセンが、政治力で領土獲得に大成功

デンマーク軍 4万人 VS 2.5万人 WIN プロイセン・オーストリア軍

デンマーク王のフレデリク7世が死去。デンマーク新王の領地の継承権の有無が争点となり、ドイツ系国家とデンマークの衝突が起こった。

プロイセン側は、北海につながる港と北部の領土拡大を望み、デンマーク側は、新王に旧領土を継承させ、自国の南部が独立や分離をしないことを望んだ。

どうして大逆転できたの？

国際政治は冷徹なだまし合いの世界

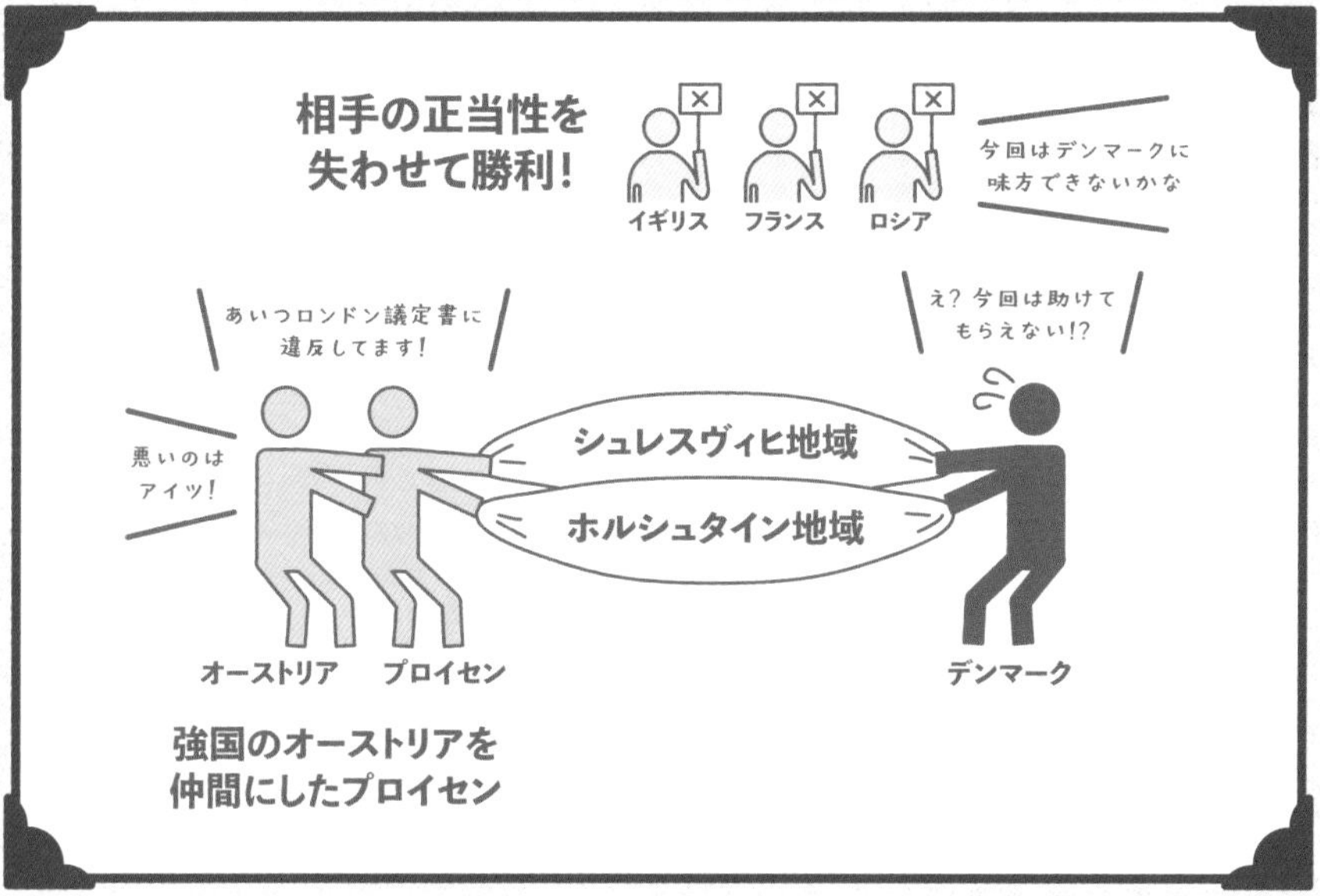
相手の正当性を
失わせて勝利！
イギリス
フランス
ロシア
今回はデンマークに
味方できないかな
あいつロンドン議定書に
違反してます！
え？ 今回は助けて
もらえない!?
悪いのは
アイツ！
シュレスヴィヒ地域
ホルシュタイン地域
オーストリア
プロイセン
デンマーク
強国のオーストリアを
仲間にしたプロイセン

逆転勝利3つのポイント

1. プロイセン側はロンドン議定書を利用してデンマークを訴えて、正当性を失わせた。
2. プロイセンはイギリスを含む列強側に政治工作をして、自国の味方につくよう調略。
3. プロイセンは海軍を強化し、デンマーク海軍と互角の戦闘を展開することができた。

僕って、思ってた
より人望なかっ
たのね…
負け犬の
遠吠え

その後は…

デンマーク側は、列強が政治干渉で今度も助けてくれると、事態を甘く見ていたが、プロイセン側は周到に準備して、列強への政治工作と海軍力の強化、デンマークの正当性喪失を行い、勝利を手繰り寄せた。

10億ユーザーの心を一気につかんだショート動画 TikTok

分断とは相手に狙いを絞らせないことであり、相手の意思決定を難しくさせることでもあります。ビジネスでは、新参のTikTokがYouTubeを翻弄した例があげられます。

2016年にサービスが始まり、日本には2017年に上陸したショート動画のTikTok。このアプリは中国企業のByteDanceが展開しており、2022年には全世界で月間利用者数が10億人を超えたことでも話題となりました。同じ動画共有サービスで先行利益を得ていたYouTubeは、2005年の設立で現在は全世界で25億人の月間利用者を誇ります。

TikTokの特徴は、なんといっても動画の短さ。スマートフォンを主なメディアと設定しているため、30秒から数分と、手軽でインパクトのある動画のプラットフォームとして人気を集めています。このTikTok人気に影響を受けたのか、YouTubeも60秒以内のショート動画サービスを2021年から開始。このサービスも収益化が開始されて大きな注目を集めていますが、YouTubeは本来のロングバージョンの動画に加え、ショートという2つの種類のサービス展開を始めたことになります。

TikTokはスマホに特化した画面で、拡散性も高い仕様になっています。海外ではTikTokの利用時間がYouTubeを越えた国も出始めており、目の離せない熱い競争となっているのです。

CHAPTER 5

弱者が強い力を得るためのヒントが、「正義」です。共通の目的や正義が、勝利への情熱を高め、味方を増やす。正義の旗印をうまく利用した戦いを見ていきましょう。

【正義の旗】を掲げて大勝利!!

ウチのチームが超有利とウワサを流して

多々良浜《たたらはま》の戦い

WIN

1336年@日本（福岡市）

正当な権威はこちらじゃぞい☆

3万人 vs **3000人**

後醍醐天皇軍　　足利尊氏軍

武士の立場を守るんだい!

日和見の軍勢はどちらが勝つか見ている。勢いを見せてこちらにつける

アイツら皆殺しじゃい…
菊池
こえぇ…
どっどっちにつく…？

鎌倉幕府後期は、天皇制から武家政治に移行しようとする、はざまの時期だった。このため、天皇制に従う武士側と、武家政治を目指す尊氏軍の衝突が始まる。

京都で後醍醐天皇側に敗れた尊氏は九州に逃れるが、天皇側の菊池氏を中心とした九州武家の軍勢と尊氏軍とのあいだで、戦闘が起こった。

菊池氏を中心とした軍勢は、天皇側の権威を重んじて尊氏側を攻めた。一方、尊氏は天皇の「建武の新政」が始まれば、武士の没落が始まってしまうと広くうわさを流し、九州の武家を味方につけて、戦況を巻き返そうと考えていた。

戦いの流れを大解説!!

10倍近い兵力差の戦いに戸惑う尊氏

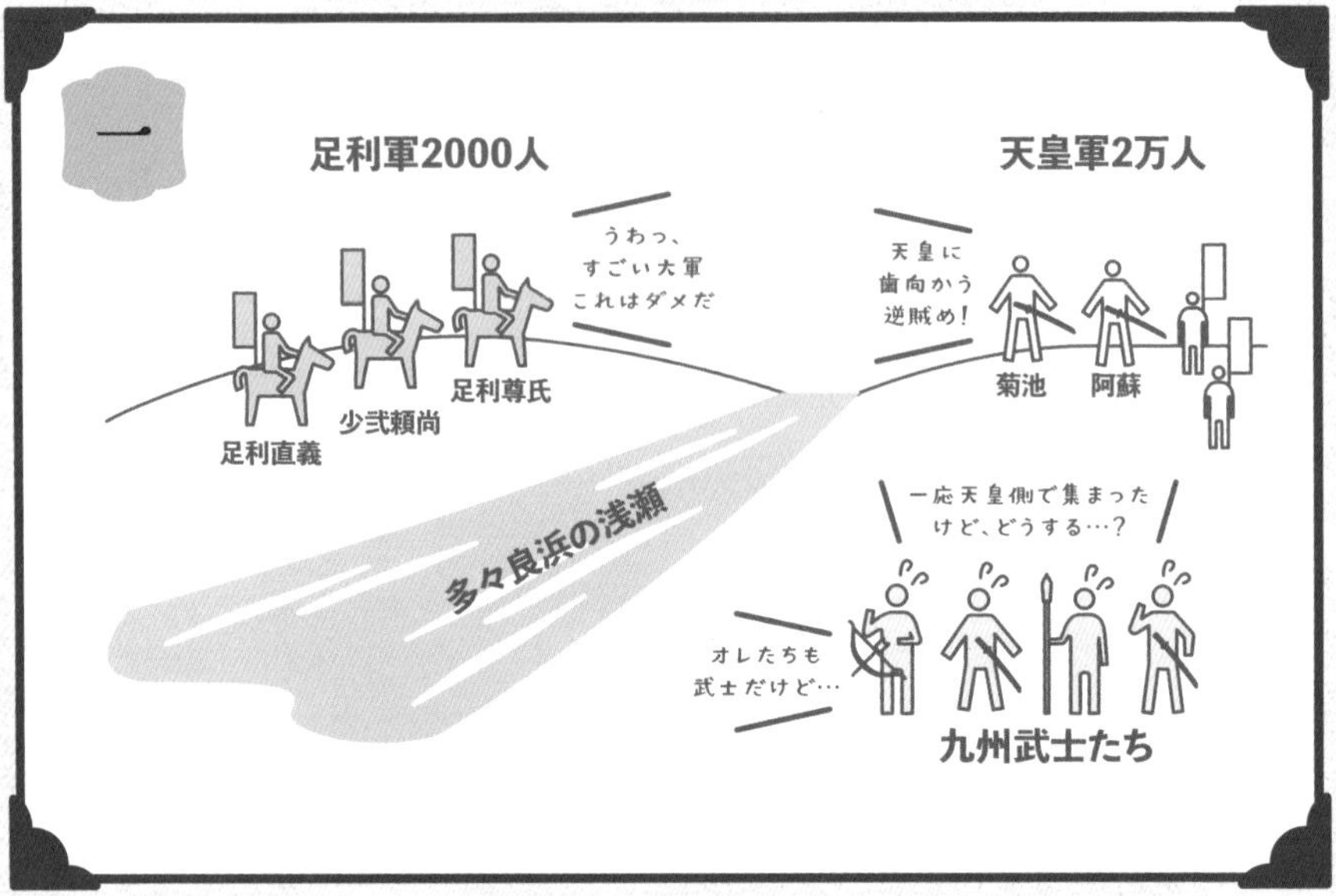
一
足利軍2000人
天皇軍2万人
うわっ、すごい大軍これはダメだ
天皇に歯向かう逆賊め!
足利直義
少弐頼尚
足利尊氏
菊池
阿蘇
多々良浜の浅瀬
一応天皇側で集まったけど、どうする…?
オレたちも武士だけど…
九州武士たち

九州武士たちが尊氏の味方に

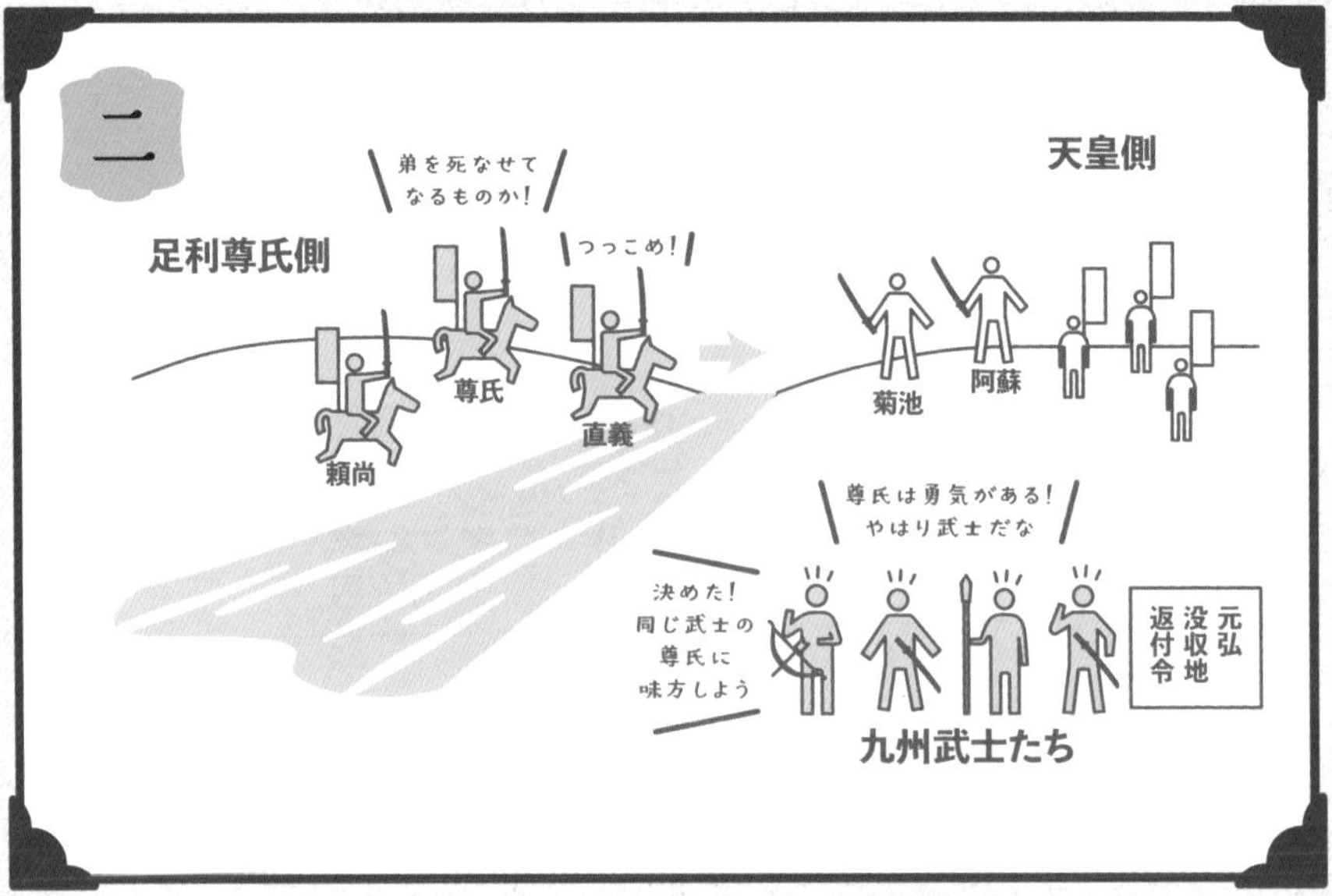
二
足利尊氏側
天皇側
弟を死なせてなるものか!
つっこめ!
頼尚
尊氏
直義
菊池
阿蘇
尊氏は勇気がある!やはり武士だな
決めた!同じ武士の尊氏に味方しよう
元弘没収地返付令
九州武士たち

菊池軍はあえなく敗走した

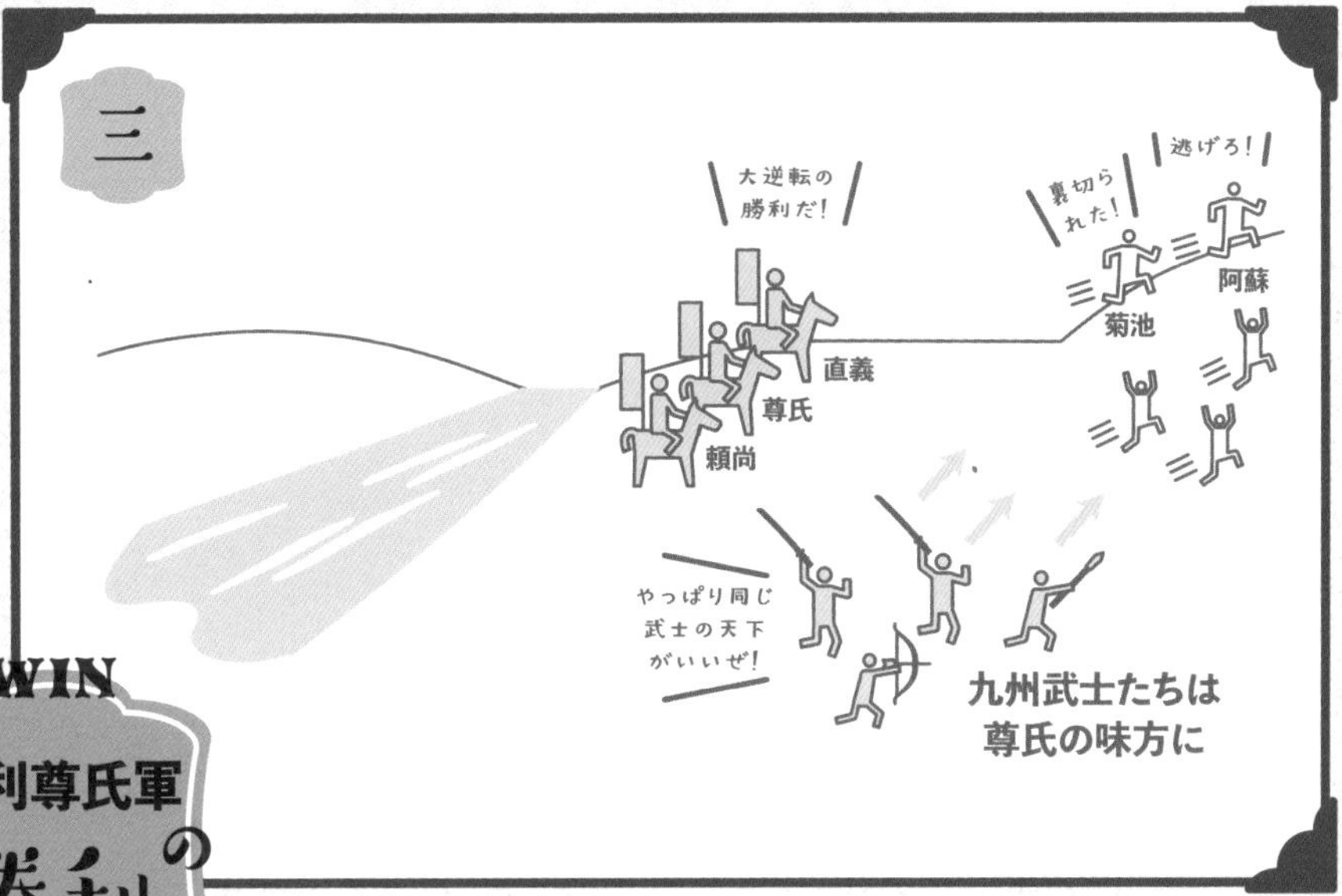
三
大逆転の勝利だ!
裏切られた!
逃げろ!
阿蘇
菊池
直義
尊氏
頼尚
やっぱり同じ武士の天下がいいぜ!
九州武士たちは尊氏の味方に

WIN
足利尊氏軍の勝利

逆転勝利3つのポイント

1. 天皇親政なら、武家は没落すると喧伝。尊氏側は没収地の返付も約束した。
2. 尊氏軍が高台に陣を構えて、矢を敵に打ち下ろすことができた。
3. 足利尊氏、弟の直義の武勇を含めて、足利軍側に勢いがあることを見せた。

尊氏の口車に乗せられすぎ!
負け犬の遠吠え

その後は…

この戦いで、尊氏は九州の豪族のほとんどを味方につける。3カ月後には兵庫県の湊川で後醍醐天皇側の軍勢を打ち破り、京都も制圧。1336年に室町幕府を開くが、弟の直義とのいさかいで混乱は続いていく。

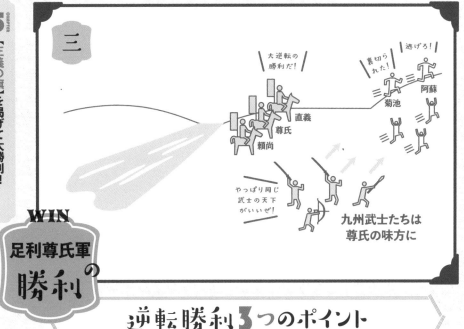

ジャングルからラジオを放送して大勝利!!

税金は儲かるね♡
う〜ひひひ〜
政府ってヒドイのよー
えーっそれってヤバくないの?
カストロ
ゲバラ

キューバ革命

1958年@キューバ革命

たった12人の革命勢力が、
時間をかけて民衆革命を拡大していった

WIN

17大隊	VS	12人
バティスタ政権軍		キューバ革命勢力

1956年、政府転覆を狙い、カストロ、ゲバラたち革命勢力はボートでキューバに上陸。しかしほとんどがそのまま戦死し、12名が山に逃げ込む。

バティスタ政権は、革命勢力の全滅を目指したが、革命勢力は味方を増やすために、市民革命を目指して現政権の不正をラジオで糾弾するのだった……。

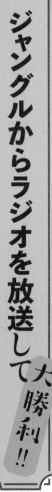

どうして大逆転できたの?

ゲリラ放送で敵の悪事を広めて、味方を増やす作戦

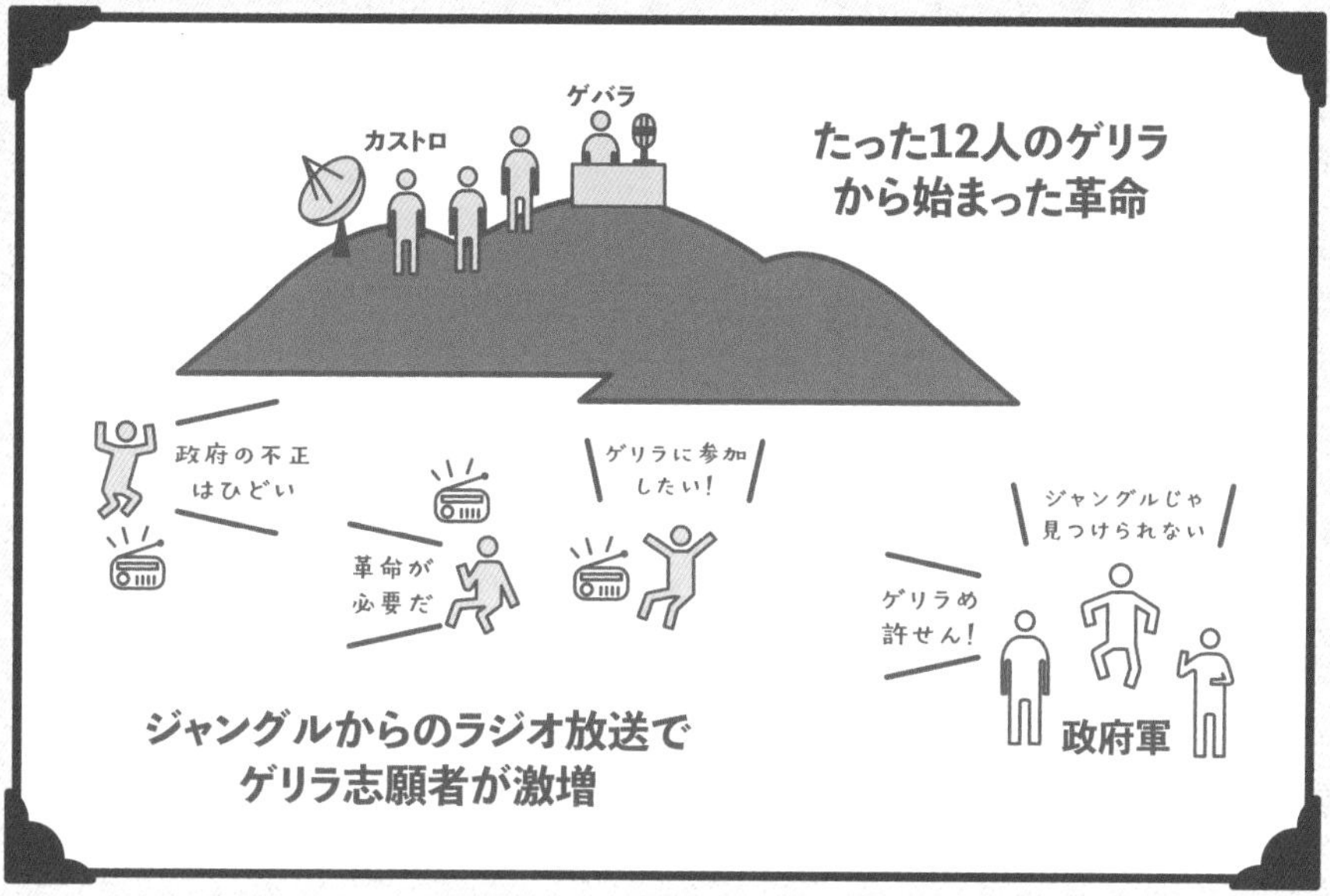
ゲバラ
カストロ
たった12人のゲリラ
から始まった革命
政府の不正
はひどい
革命が
必要だ
ゲリラに参加
したい!
ジャングルじゃ
見つけられない
ゲリラめ
許せん!
政府軍
ジャングルからのラジオ放送で
ゲリラ志願者が激増

逆転勝利3つのポイント

1. 革命軍がジャングルのマエストラ山脈に逃げたことで、政府軍から見つかりにくかった。
2. ラジオ放送、会報発行など広報活動で影響を拡大、ゲリラ志願の農民が続出した。
3. 政府軍の装甲列車を脱線させて、奪い取るなど、ゲリラ戦にも習熟していた。

12人ぽっち
だから、
油断していた…
負け犬の
遠吠え

その後は…

1959年に革命勢力が首都ハバナを占拠して、新政権が成立。カストロが2カ月後首相に就任。その後さまざまな困難を迎えるが、現在までキューバの政権を維持。革命のリーダーの1人ゲバラは、ボリビアで死去。

原典の教えに立ち返って大勝利!!

ルターの宗教改革

1517年@現在のドイツ

ローマ・カトリックの世俗的権力から、
聖書を元に脱却した

教皇勢力
カトリック

VS

聖書原典
ルター派

WIN

この時期、キリスト教ローマ教皇の権威は世俗的な要素を高めて、腐敗していた。1515年、札を買うことで罪が償われる「免罪符」を教皇レオ10世が売り出したことで、批判は最高潮に。神学の教授ルターを含めたキリスト教信者の抗議者は、内部改革を求めたが改善されず、最終的に新教として独立した。

どうして大逆転できたの?

信者から反発を買っていたカトリックに、聖書中心の新しい教えを広めた

もっと強い権威を見つけ、急速に広める

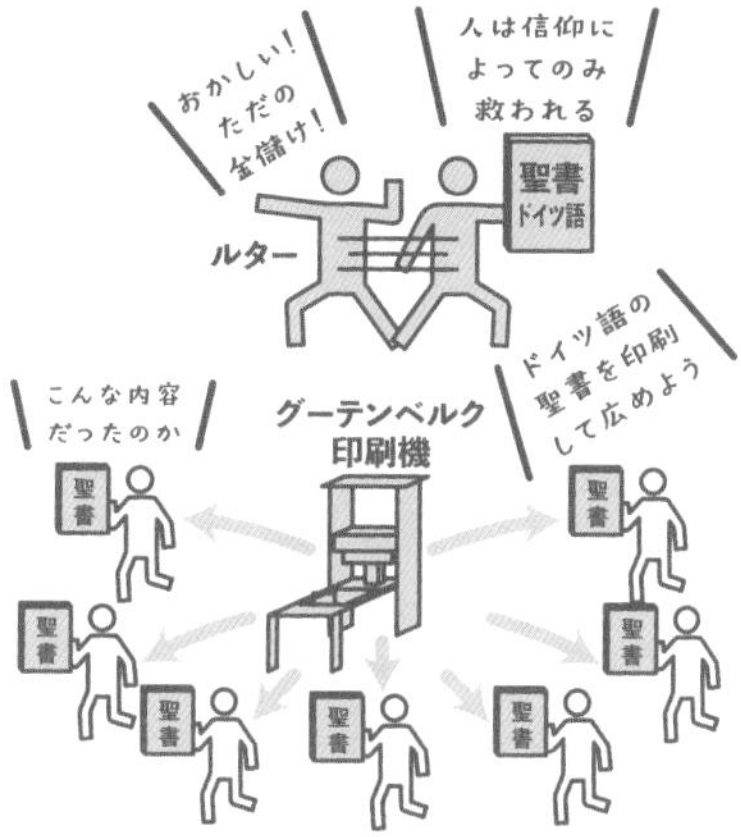

ラテン語などふつうの人には
読めなかった聖書を印刷で
ドイツ語版にして広めた

逆転勝利3つのポイント

1. キリスト教信者の信念と極めて異なる「免罪符の販売」をレオ10世が行った。
2. 95カ条の論題を含め、ルターが聖書を唯一の原典として抗議・議論した。
3. 最新技術の活版印刷で、ドイツ語版聖書とルターの抗議文がドイツ全土で読まれた。

負け犬の遠吠え

あんなお札、
売るんじゃ
なかった…

その後は…

宗教改革で分離したキリスト教は、欧州各国で宗教戦争を生み出した。プロテスタントが複数の国で国教となったため、カトリックは欧州以外への布教活動を開始。大航海時代に世界をめぐることになる。

とにかく実用性を押して大勝利!!

ありがとうーー♡
正確…!
すげえ!!
ケプラー
ルドルフ星表

ケプラーの地動説

1627年@ドイツ

精度30倍の星表の発売で、天動説・地動説に最終決着をつけた

WIN!

伝統 VS 新説

キリスト教の神父・神学者　　ケプラー

紀元前から広く信じられていた天動説（天が動く）。科学的な根拠とともに、コペルニクス（１５４３年没）、ガリレオ（１６４２年没）によって地動説が主張されるようになってきたが、当時は教会勢力や古典派により、強い批判を浴びた。それがケプラーの計算法を皮切りに、地動説へと変わっていく。

どうして大逆転できたの?

航海術など実用的なニーズから、支持する人が徐々に増えていった

地動説版の星表が30倍正確で、バカ売れした

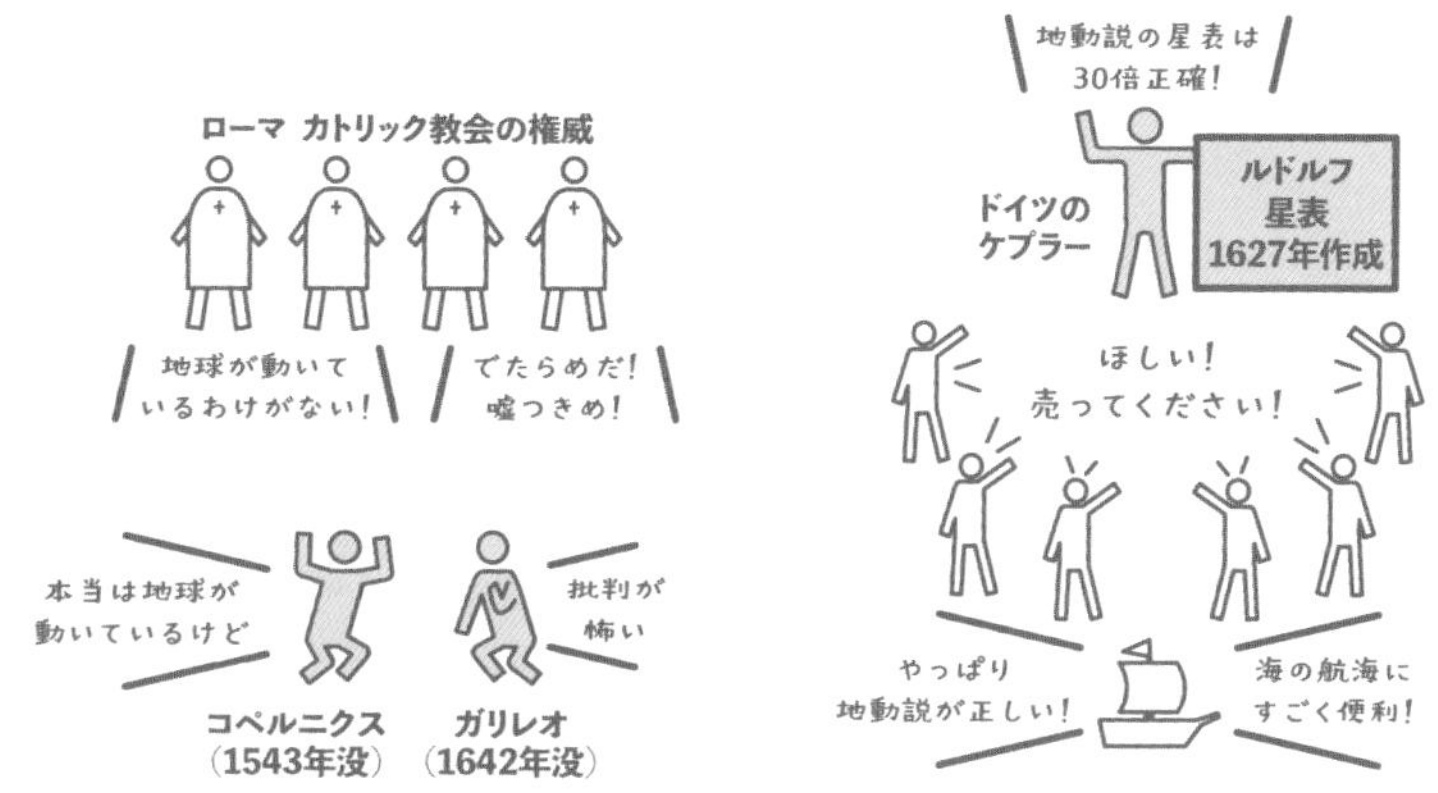
ローマ カトリック教会の権威
地球が動いているわけがない!
でたらめだ! 嘘つきめ!
本当は地球が動いているけど
批判が怖い
コペルニクス (1543年没)
ガリレオ (1642年没)
地動説の星表は30倍正確!
ドイツのケプラー
ルドルフ星表 1627年作成
ほしい! 売ってください!
やっぱり地動説が正しい!
海の航海にすごく便利!

逆転勝利3つのポイント

1. ケプラーが天体の動きに楕円を取り入れたことで、計算精度が高まった。
2. ルドルフ星表は、占星術や航海術、天文学など実用的なニーズから、急速に普及した。
3. ルドルフ星表の急速な普及によって、星の動きを地動説で計算する人が激増した。

「それでも地球は回っている」んだね。
負け犬の遠吠え

その後は…

天動説・地動説は、学術的な論争から実用的な問題に切り替わっていった。そのときに重要になるのは、「どちらが実用上より便利で正確か」であり、権力や古い権威ではその流れを止めることができなかった。

とにかく逃げまくって大勝利!!

アメリカ独立戦争

1775～1783年@北アメリカ

民間人なんか役に立たねえぜ!

逃げ足だけは早いんだよォ!

WIN

正規軍 VS **民兵**

イギリス軍　　**アメリカ独立軍**

アメリカ独立軍は逃げ回るうちに、イギリスの敵を次々に味方にした

場所は現在の北アメリカ東部一帯。アメリカ大陸がイギリスの植民地だった時代。

イギリスはインディアンとの戦争があり、多額の資金が必要だったため、砂糖や新聞・証書など相次いで課税。たび重なる課税に怒ったアメリカ大陸側が、抵抗運動を開始したことをきっかけに独立戦争は始まった。

重い課税のうえ、自治権交渉を拒絶され、大陸住民の怒りは頂点に達した。イギリスは軍隊による制圧と、アメリカ大陸での自治権獲得運動を潰すことを目的に戦う一方で、アメリカ側は独立宣言を行い、アメリカの独立と自治を目指して民間人からなる兵士たちで戦った。

戦いの流れを大解説!!

イギリスの重税に植民地人が怒った

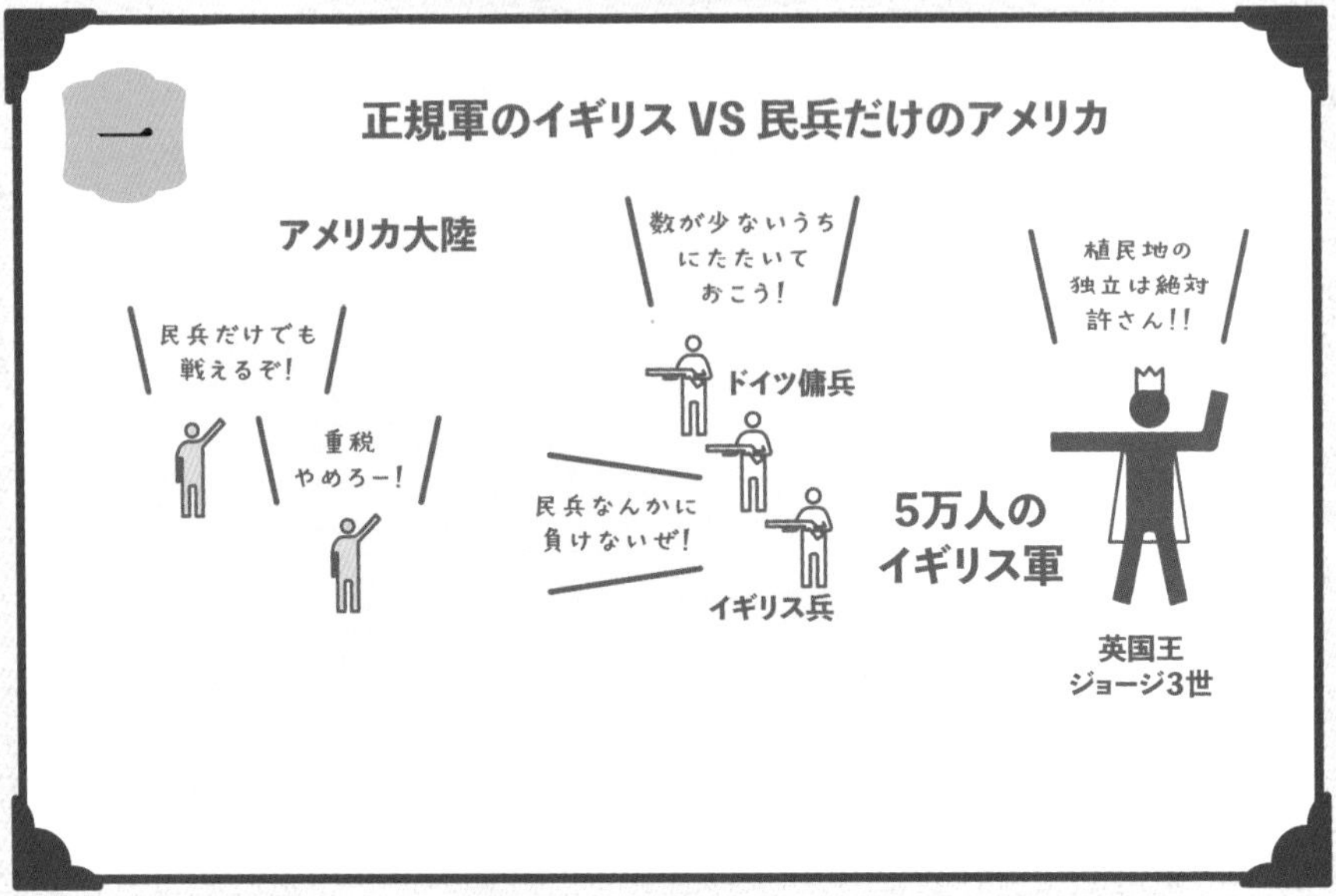
一
正規軍のイギリス VS 民兵だけのアメリカ
アメリカ大陸
民兵だけでも戦えるぞ!
重税やめろー!
数が少ないうちにたたいておこう!
ドイツ傭兵
民兵なんかに負けないぜ!
イギリス兵
5万人のイギリス軍
植民地の独立は絶対許さん!!
英国王
ジョージ3世

イギリスに敵対する国と同盟を結ぶ

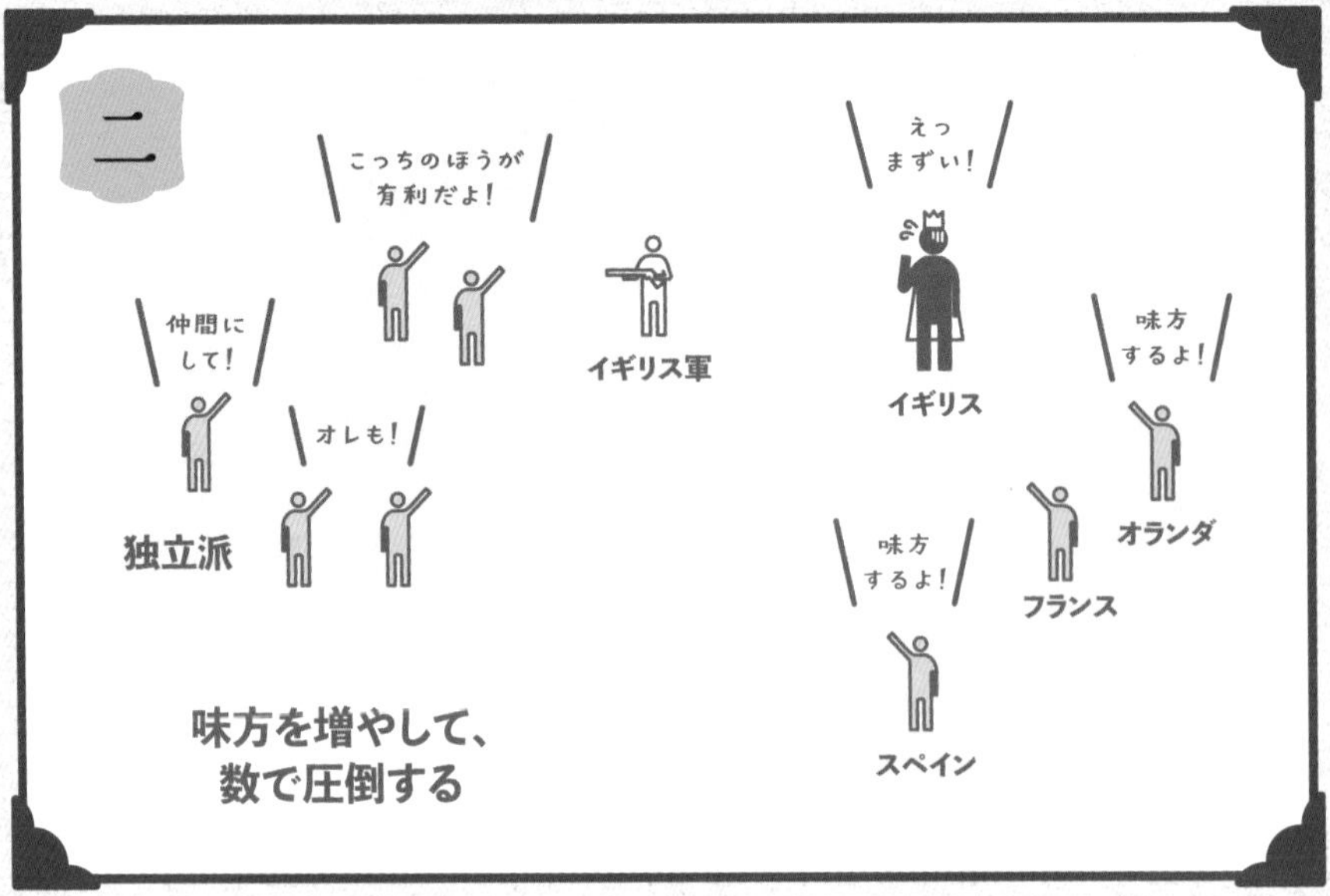
二
こっちのほうが有利だよ!
仲間にして!
オレも!
独立派
イギリス軍
えっまずい!
イギリス
味方するよ!
オランダ
味方するよ!
フランス
スペイン
味方を増やして、数で圧倒する

フランス軍と民兵がイギリス軍を圧倒

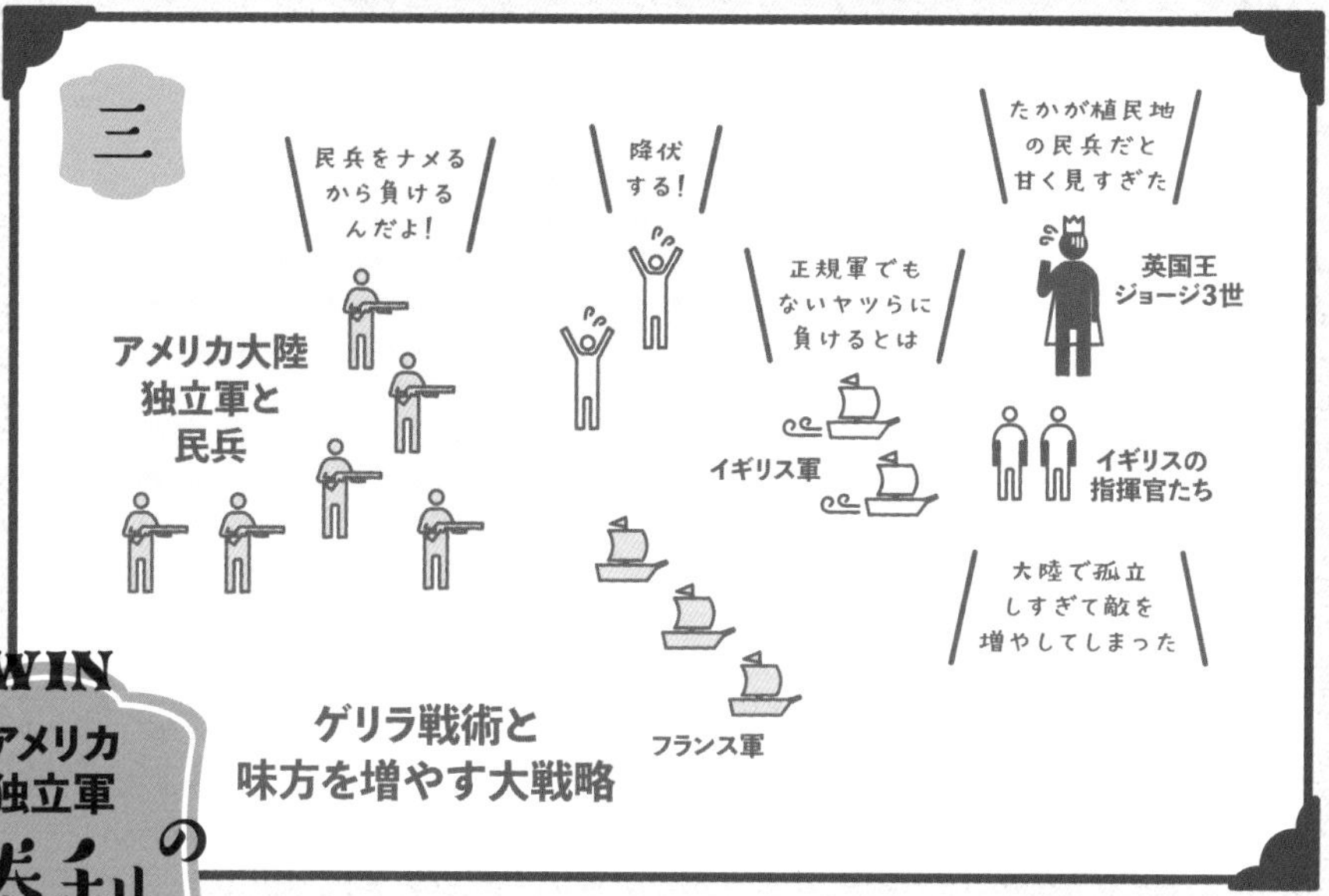
三
民兵をナメるから負けるんだよ!
降伏する!
たかが植民地の民兵だと甘く見すぎた
正規軍でもないヤツらに負けるとは
英国王ジョージ3世
アメリカ大陸独立軍と民兵
イギリス軍
イギリスの指揮官たち
大陸で孤立しすぎて敵を増やしてしまった
ゲリラ戦術と味方を増やす大戦略
フランス軍

WIN アメリカ独立軍の勝利

逆転勝利3つのポイント

1. 英国による相次ぐ課税でアメリカ大陸の人たちの怒りが頂点に達していた。
2. イギリス正規軍との初期の戦闘で、全滅しないよう、必要ならすばやく逃げた。
3. 独立派が戦い続けると、賛同する民兵とイギリスの敵対国がつぎつぎ味方についた。

戦いの訓練はしたけど、鬼ごっこは練習しなかった〜。
負け犬の遠吠え

その後は…

イギリス軍は指揮系統の混乱などで、名将が辞任するなど弱体化。独立派の大陸軍は、戦闘を続けるたびに参加する民兵が増えていき、欧州の援助もあり完全勝利。1783年にイギリス軍がアメリカから撤退して、独立戦争は幕を閉じた。

SDGs時代の価値を提供し、あっという間に台頭したメルカリ

「正義」とは、掲げることで人々を誘導する場合もあれば、自分自身の内面から自己を支える場合もあります。組織の正義は、内部で働く人々の活動をブレさせずに支えてくれるのです。

個人が商品を出品して販売するフリーマーケット。ネット版として、フリマアプリは多くの利用者を集めてきました。老舗はヤフーオークションですが、2019年に利用者数でヤフオクを抜いたのが、2013年創業のメルカリです。同社はスマホユーザーが中心であること、オークション形式の機能がなくシンプルで使いやすいことなど幅広く人気を集めています。

オークション形式のように最後まで落札できるかわからないなどの手間がなく、販売価格を固定して売り切ることができる点もメルカリの魅力です。

同社はミッションとして「あらゆる価値を循環させ、あらゆる人の可能性を広げる」を掲げています。捨てられるしかなかった品物が、メルカリのアプリによって他の人に購入され大切に使用される。持続可能な社会を目指すSDGs時代にピッタリのフリマアプリの価値（ある意味で、正義）を、同社のミッションは効果的に表現することで、多くの人から支持されるアプリとして日々進化を続けているのです。

CHAPTER 6

【チームの力】で大勝利!!

忘れてはいけないのは、チームや組織の力です。これは、ビジネスやスポーツの世界でも同じこと。戦いは1人で行なうものでなく、あくまで集団のものなのです。

敵の得意な集団戦法を封じて大勝利!!

元寇《げんこう》の戦い

1274年、1281年@日本（九州北部、隠岐）

モンゴルの大軍団が海から来襲。
鎌倉武士が効果的に迎え撃った

WIN

14万人 vs 6万人

モンゴル軍　鎌倉幕府軍

元は1279年にフビライが南宋を滅ぼし、最大版図を迎えた世界帝国だった。元からの攻撃は計2回。第1回は1274年、対馬《つしま》、壱岐《いき》島を制圧した元軍は博多湾での暴風雨で撤退。2回目の1281年は、より大部隊で来襲した。日本側は「国家存亡の危機」として全国の武士団に九州防備をさせ、迎え撃った。

どうして大逆転できたの?

騎馬民族が弱い、海の上で戦う作戦をとった

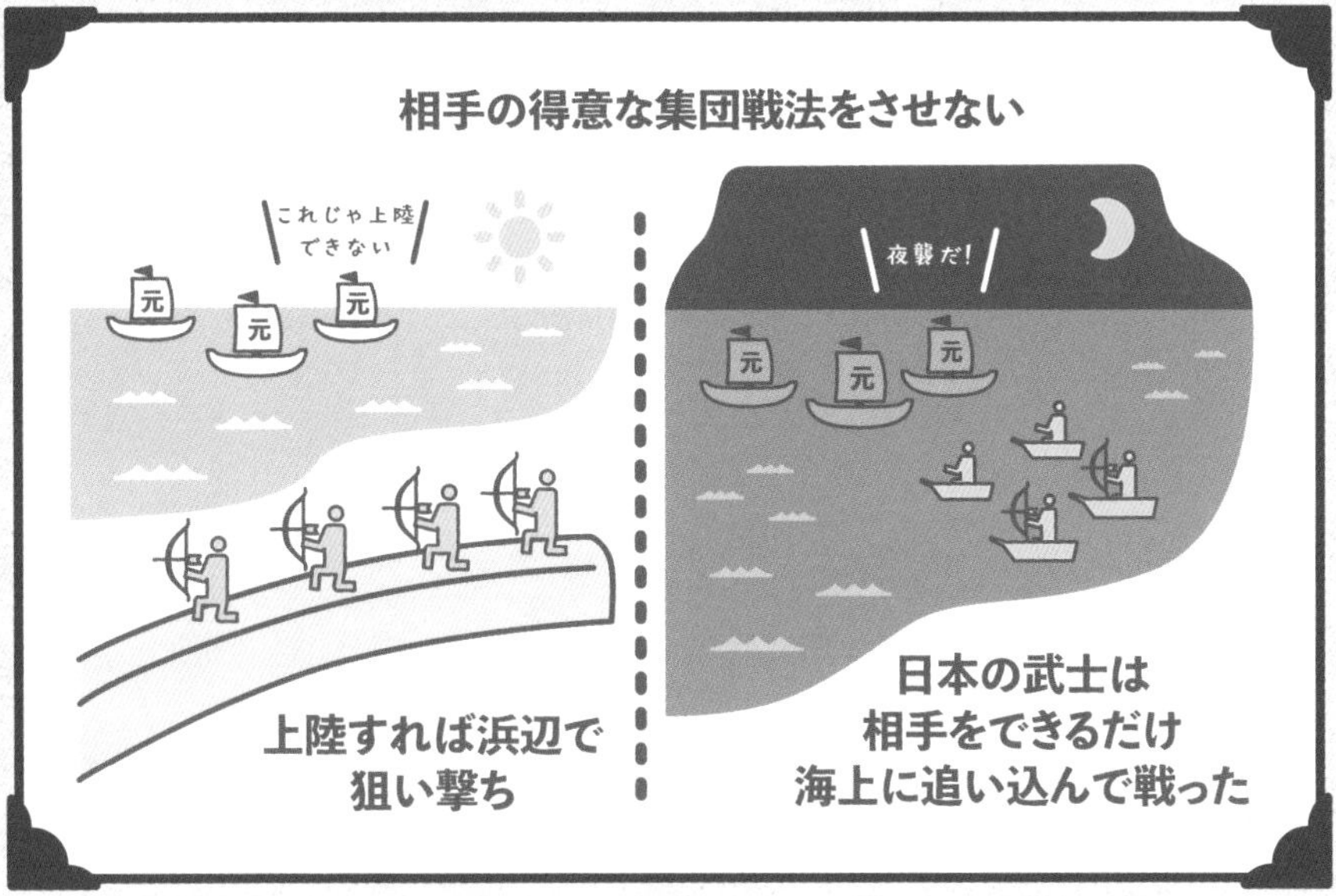
相手の得意な集団戦法をさせない
これじゃ上陸できない
元
元
元
上陸すれば浜辺で狙い撃ち
夜襲だ!
元
元
元
日本の武士は相手をできるだけ海上に追い込んで戦った

逆転勝利3つのポイント

1. モンゴル軍が集団戦法に強いことを知っており、幕府軍は開けた平野での戦闘を避けた。
2. 上陸拠点を広げさせず、武士団の武勇と夜襲の効果で敵を海上に押し込んだ。
3. 1281年の弘安の役では博多湾に20キロ防塁を作り、敵の上陸をより困難にした。

ぜんっぜん実力が出せなかった、悔しいィィ〜!!
負け犬の遠吠え

その後は…

元軍を撃退した鎌倉幕府も、財政の疲弊で不安定化。元軍は海軍力の大半を失い、国力の衰退、内部反乱を招いた。日本侵略はその後何度もフビライにより議論がなされたが、国内問題が山積みで実施されなかった。

海賊までも仲間にして大勝利!!

アルマダの海戦

1588年@イギリス沿岸の海

こちとら負け知らずの「無敵艦隊」でい!

今回の人選はヤベーぞ、泣くなよ!

WIN

武装船 VS **小型船**

スペイン軍

イギリス軍

新設計の船と長距離の大砲、しかも海賊のボスが司令官

戦いの舞台は、欧州大陸とイギリスの間のドーバー海峡とイギリス周辺の海。スペインが多くの植民地を持つ時代、英国が台頭してくる過程に起こった戦争。

当時スペインが支配していたオランダに、英国が独立を支援したことがきっかけで戦いが勃発。別の理由として、英国の海賊船が世界各地でスペイン船を襲っていたこともあった。

スペインは台頭する英国の影響力を潰すために、英国本土への侵攻を狙っていた。一方の英国はスペインが持つ世界中の植民地を手に入れるために、スペインの艦隊を超える海軍力を養成していた。「無敵艦隊」と呼ばれたスペインの海軍に、英国は意外な人選で立ち向かう。

戦いの流れを大解説!!

スペインの大艦隊が英国本土の上陸を狙った

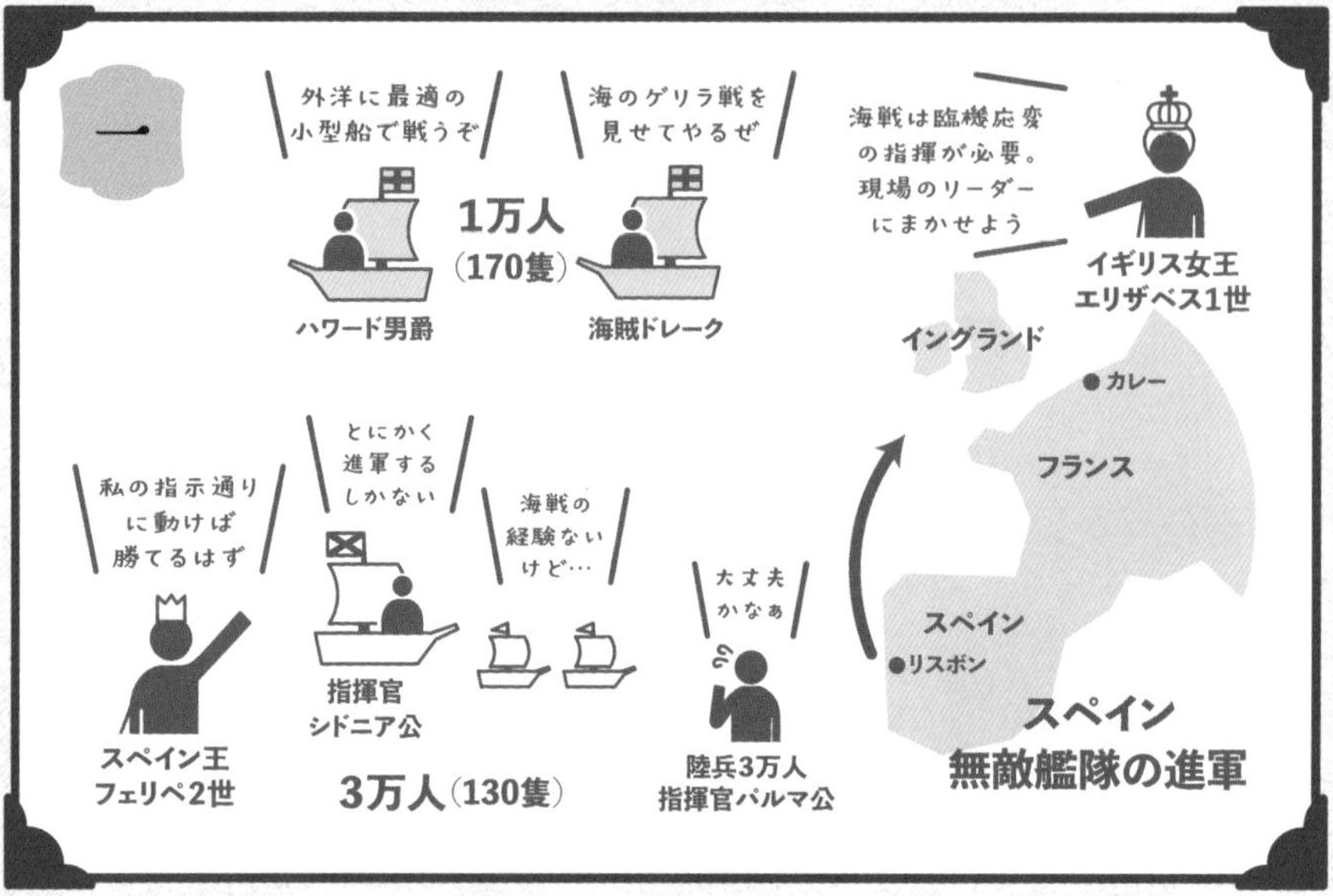
一
外洋に最適の
小型船で戦うぞ
海のゲリラ戦を
見せてやるぜ
1万人
(170隻)
ハワード男爵
海賊ドレーク
海戦は臨機応変
の指揮が必要。
現場のリーダー
にまかせよう
イギリス女王
エリザベス1世
イングランド
カレー
フランス
私の指示通り
に動けば
勝てるはず
とにかく
進軍する
しかない
海戦の
経験ない
けど…
大丈夫
かなぁ
指揮官
シドニア公
スペイン王
フェリペ2世
3万人(130隻)
陸兵3万人
指揮官パルマ公
スペイン
リスボン
スペイン
無敵艦隊の進軍

海賊流の「海のゲリラ戦」がスペイン艦隊に大打撃

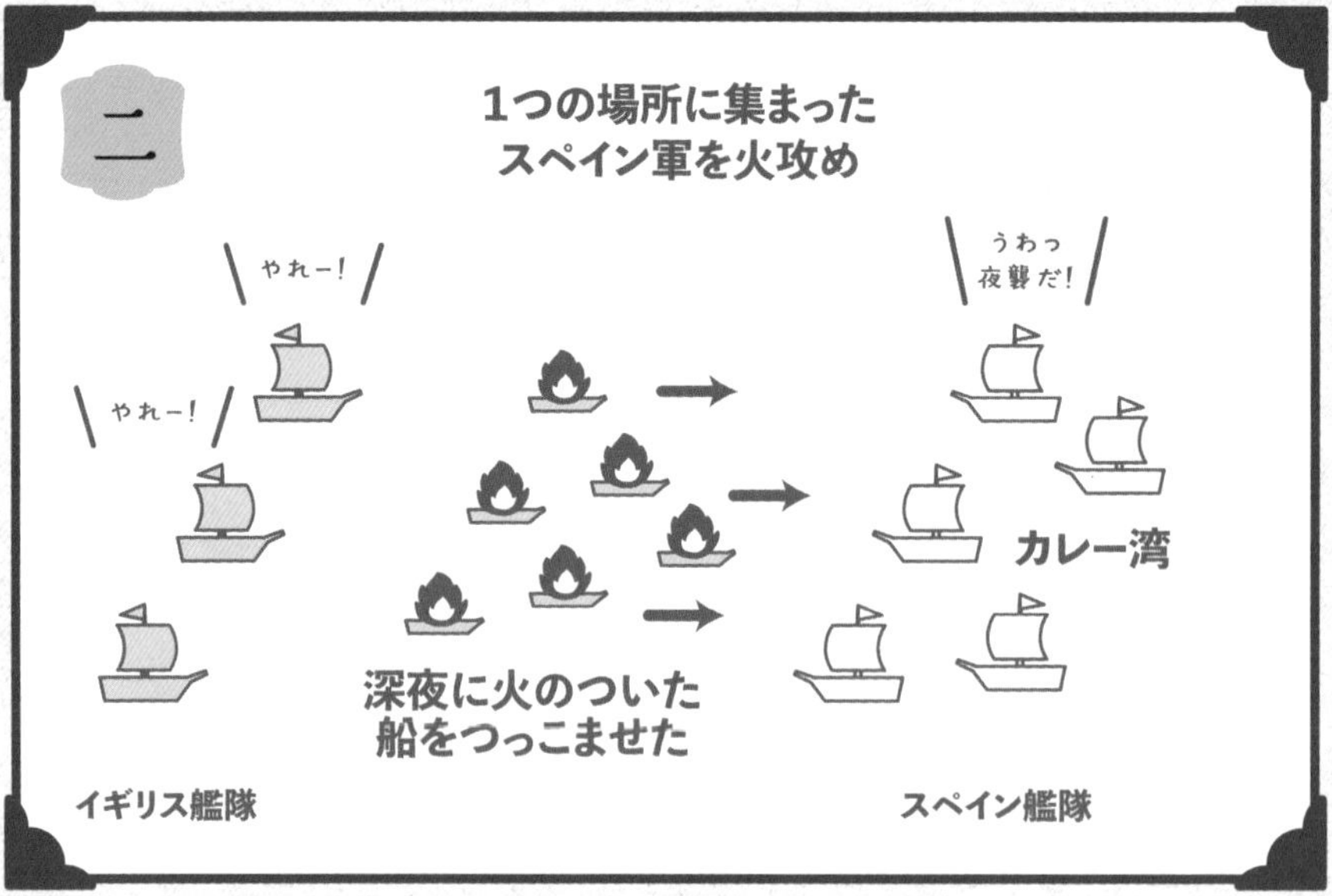
二
1つの場所に集まった
スペイン軍を火攻め
やれー!
やれー!
うわっ
夜襲だ!
カレー湾
深夜に火のついた
船をつっこませた
イギリス艦隊
スペイン艦隊

大砲の射程距離が長い英艦隊は、離れて攻撃を続ける

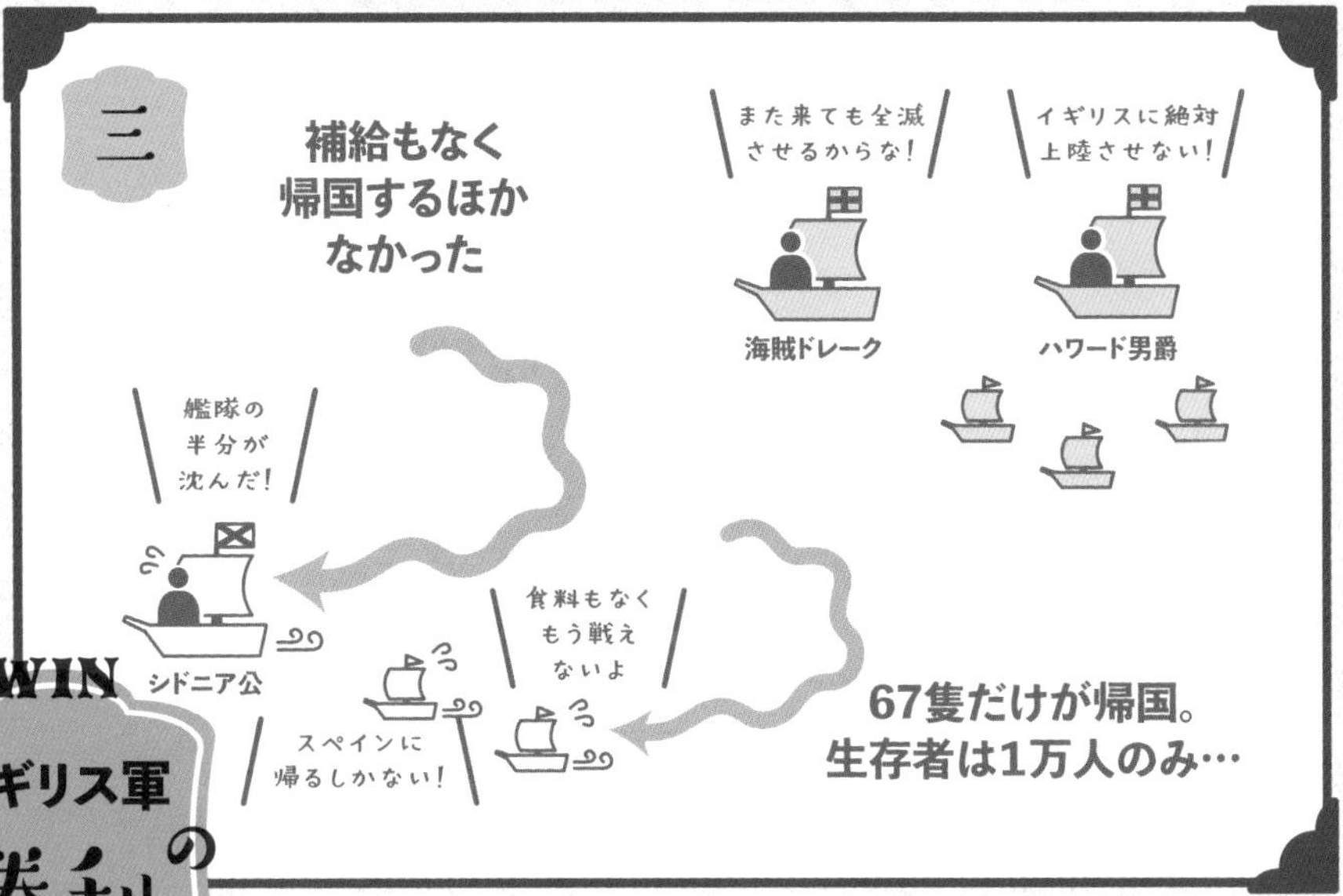
三
補給もなく
帰国するほか
なかった
また来ても全滅
させるからな!
イギリスに絶対
上陸させない!
海賊ドレーク
ハワード男爵
艦隊の
半分が
沈んだ!
シドニア公
食料もなく
もう戦え
ないよ
スペインに
帰るしかない!
67隻だけが帰国。
生存者は1万人のみ…

WIN
イギリス軍の勝利

逆転勝利3つのポイント

1 突撃型のスペイン船ではなく、英国は遠距離射撃ができる高速船を開発していた。

2 スペインは海戦の達人バサンが戦争前に急死、英国は海賊ドレイクを副司令官に抜擢《ばってき》。

3 無敵艦隊が陸上部隊を待つ間に英国海軍が奇襲、有利な風上から攻めた。

負け犬の遠吠え

海賊、
強ええ……

その後は…

スペイン無敵艦隊が壊滅させられた(1588年)のちも、再建されたスペイン艦隊による英国上陸の作戦は1600年近くまで続いた。その間にも、英国は覇権を拡大。2国の国王(フェリペ2世、エリザベス1世)が死去ののち、1604年にロンドン条約で和解が成立した。

実力ある人を採用できて大勝利!!

貴族は無能だぜ
I♡FR
祖国♡
ナポレオン
実力第一!
革命反対

第1次対仏大同盟

1792～97年@フランス周辺地域

フランス革命で貴族が海外に亡命、
ダメかと思ったら実力本位の人事で大復活

WIN

6カ国	VS	1カ国
対仏連合軍		フランス革命軍

1789年に始まったフランス革命。その影響の広がりを怖れて、周辺の王政国家はフランス革命を潰そうとした。オーストリア王国と神聖ローマ帝国がフランス王家の支援を宣言。反発したフランス革命側が1792年に宣戦布告。フランス国民政府は、国民から徴兵して国民軍を創設した。

どうして大逆転できたの？

身分ではなく、あくまで実力のある者を昇進させた

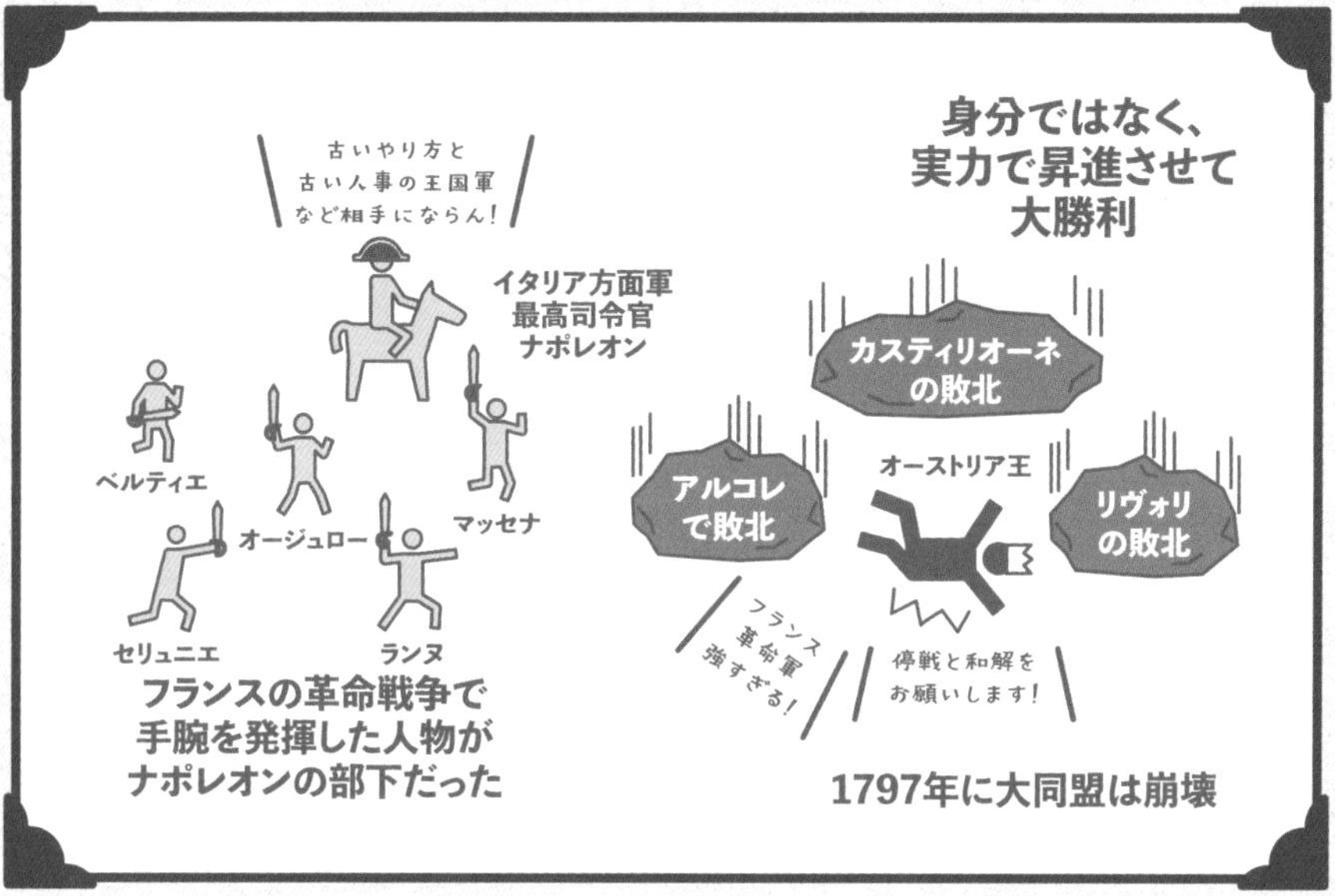
古いやり方と
古い人事の王国軍
など相手にならん！
イタリア方面軍
最高司令官
ナポレオン
ベルティエ
オージュロー
マッセナ
セリュニエ
ランヌ
フランスの革命戦争で
手腕を発揮した人物が
ナポレオンの部下だった
身分ではなく、
実力で昇進させて
大勝利
カスティリオーネ
の敗北
アルコレ
で敗北
オーストリア王
リヴォリ
の敗北
フランス
革命軍
強すぎる！
停戦と和解を
お願いします！
1797年に大同盟は崩壊

逆転勝利3つのポイント

1. 傭兵など職業軍人ではなく、「国民としての祖国防衛の戦い」という当事者意識が強かった。
2. 将軍職などを独占していた貴族の海外亡命で、若い有能な軍人が実績で出世を始めた。
3. 国民兵士の経験不足を補う、優れた指揮官と大砲技術、師団制度などの仕組みの完成。

ナポレオンの
人を見る目、
ヤバすぎ～
負け犬の
遠吠え

その後は…

第１次対仏大同盟はフランス側の勝利に終わる。軍事的な才能でフランスを救ったナポレオンは1799年の軍事クーデターなどを経て、1804年にフランス皇帝となり、1812年まで軍事的成功を続けた。

お友だち大作戦で大勝利!!

第1次デンマーク戦争

1848–1852年@現在のデンマーク

プロイセン軍に負け続けたデンマークが、
領土を保全できた理由とは

プロイセン軍		デンマーク軍
14万人	VS	6万人 WIN

当時デンマークとプロイセンの間にあった、シュレスヴィヒ＝ホルシュタイン公国。この地域は伝統的にデンマーク王国が支配権を継承していた。しかし住民はドイツ系が多かったため、独立をプロイセンが支持。一方のデンマークも、２つの公国をデンマーク王国の支配下に置くことを狙い、紛争が勃発《ぼっぱつ》。

どうして大逆転できたの?

国際政治の時代は、列強を味方につけたほうが有利

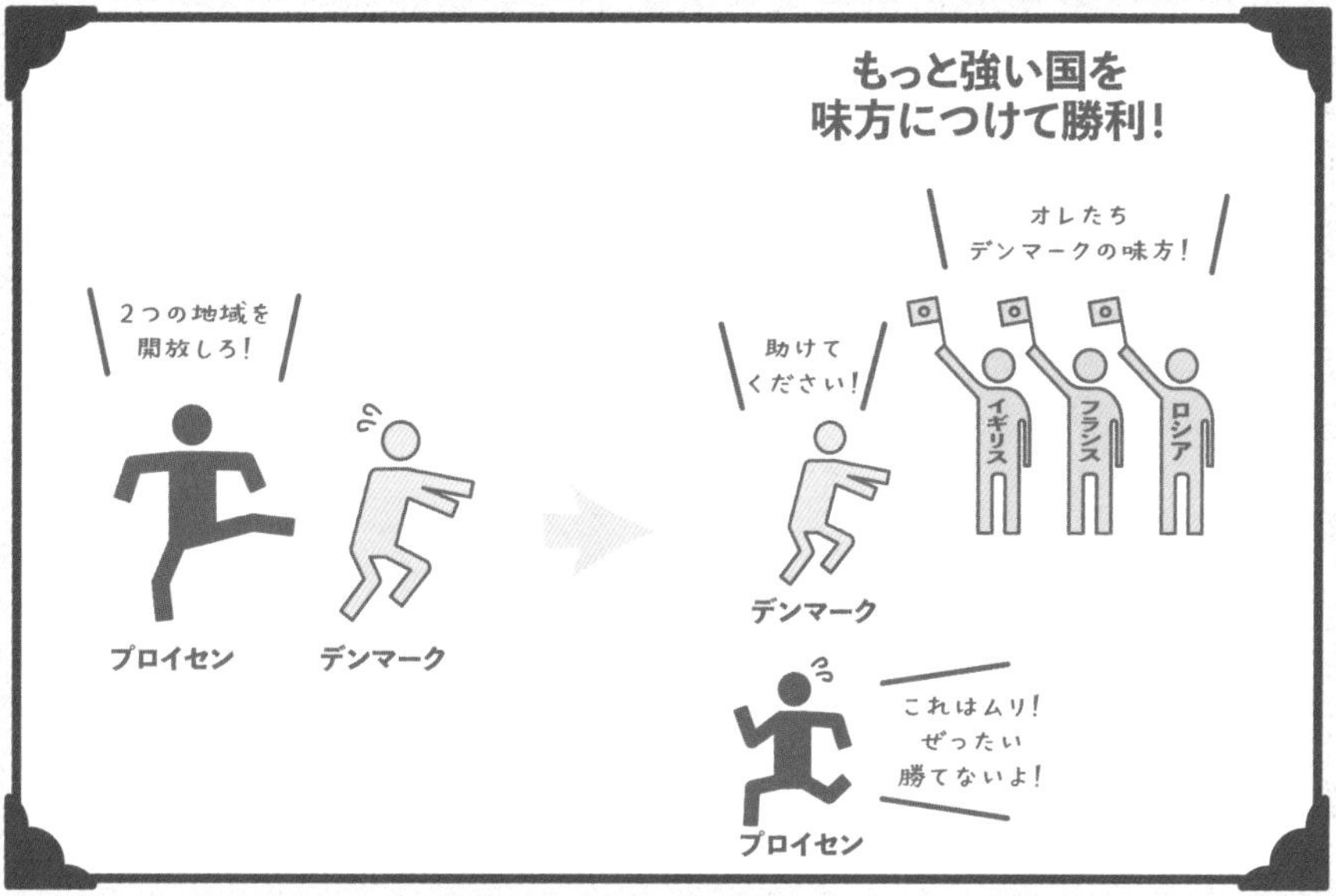
もっと強い国を
味方につけて勝利!
2つの地域を
開放しろ!
プロイセン
デンマーク
助けて
ください!
オレたち
デンマークの味方!
イギリス
フランス
ロシア
デンマーク
これはムリ!
ぜったい
勝てないよ!
プロイセン

逆転勝利3つのポイント

1. プロイセン軍に陸戦で負け続けたデンマークが海軍で海上封鎖をした。
2. イギリス、フランス、ロシア、オーストリアなどが、デンマーク側の支配権を認めた。
3. プロイセンが2公国から撤退後、デンマーク軍がシュレスヴィヒ軍と戦い勝利した。

友だちがいなくて
負けた!
悔しい〜
負け犬の
遠吠え

その後は…

イギリス、フランスなど列強は旧来の領土や国境線が武力で変更されるのを望まなかった。デンマーク王国は、領土の南端の豊かな農業地域を守ることになったが、プロイセンのビスマルクは諦めていなかった。

敵の十八番《おはこ》を研究し尽くして大勝利!!

コリャスゴイ
なるほど〜
これは軽いねー！

ゼロ戦と太平洋戦争

1942年@アリューシャン列島アクタン

ゼロ戦を無傷で手に入れた米軍は、
機体を徹底的に分析して秘密をあばいた

最新戦闘機 日本軍 vs **分析** 米軍 WIN

1941年12月の真珠湾攻撃から、日本軍と米軍は太平洋で戦争を開始。開戦半年間ほどは、日本海軍の戦闘機ゼロ戦と日本軍の快進撃が続いた。しかし、大活躍したゼロ戦は、米軍の新型機と徹底的なゼロ戦研究を前に、優位性を失ってしまう。日本軍はそれでもゼロ戦に依存して、敗色を深めていく。

どうして大逆転できたの?

個人ではなく、組織全体でゼロ戦の攻略法を習得

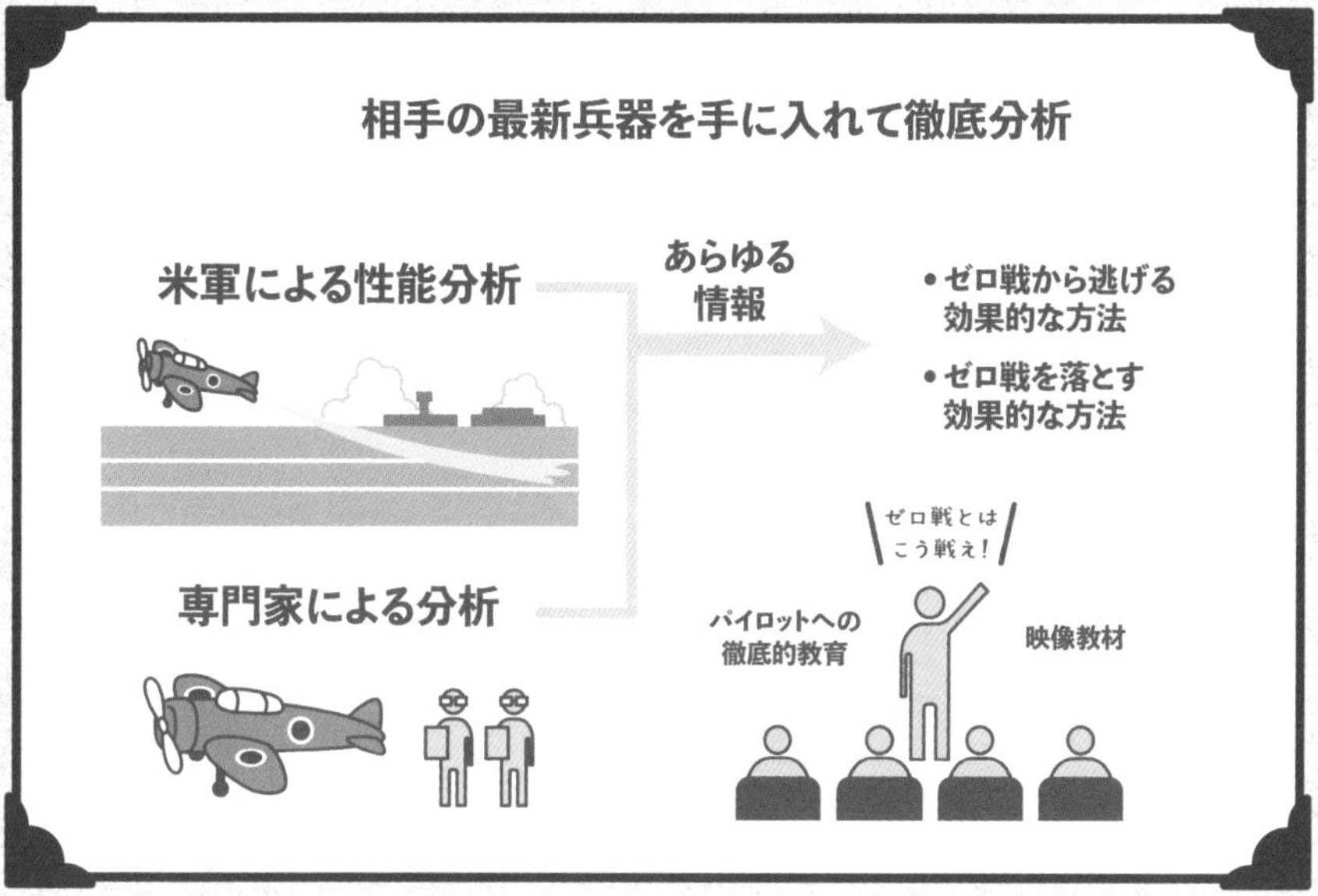
相手の最新兵器を手に入れて徹底分析
米軍による性能分析
専門家による分析
あらゆる情報
・ゼロ戦から逃げる効果的な方法
・ゼロ戦を落とす効果的な方法
ゼロ戦とはこう戦え!
パイロットへの徹底的教育
映像教材

逆転勝利3つのポイント

1. 1942年5月の珊瑚海海戦から、米軍がレーダーを使用し始めた。
2. 不時着したゼロ戦が無傷で米軍に拾われ、米国本土で運動性能など徹底的に分析された。
3. 分析後、組織全体に、ゼロ戦と効果的に戦う方法や逃げる方法を広めた。

ゼロ戦の強さの秘密がバレていたなんて〜!
負け犬の遠吠え

その後は…

ゼロ戦の取得は、敵の秘密兵器を分析できる絶好の機会を米軍に与えた。1942年5月の珊瑚海海戦から、ゼロ戦の被害は急速に増えていき、日本側の劣勢はどんどん加速していく。

農民や労働者の心をつかみ大勝利!!

あっち行けよ!
毛
大好き♡
ついていきます!

淮海戦役《わいかいせんえき》

1948年@中国長江北岸周辺

腐敗した国民党、民衆の心をつかんだ
毛沢東に大逆転された

国民党		中国共産党
80万人	vs	66万人 WIN

1945年の日本軍の敗戦により、国民党と中国共産党は覇権をめぐり衝突。米国の軍事支援を得ていた蒋介石《しょうかいせき》の国民党軍は、当初優勢を誇るも組織的な腐敗で民衆の支持を失う。毛沢東《もうたくとう》の中国共産党は、国際世論に訴え米国の軍事的不介入を引き出し、民衆の心をつかんだ。

どうして大逆転できたの?

大軍でもバラバラの状態を狙って攻めれば勝てる

ゲリラ戦の「基本に忠実」な戦い方

まともに戦うな!
大軍が来たぞ
逃げろー
囲めー!
逃すな
孤立したぞ
待ってー!
撤収ー
帰るぞー

①大軍が来たら逃げる

②敵が孤立したらすぐ包囲する

逆転勝利3つのポイント

1. 汚職や腐敗で民衆に嫌われた国民党軍と、軍紀正しい共産党軍の人気の差が広がる。
2. 群れからはぐれた動物を襲うような、効果的なゲリラ戦術を行った高い指揮行軍能力。
3. 国民党軍内の不和、指揮官同士のいがみ合いをチャンスとし、各個撃破できた。

負け犬の遠吠え

毛沢東ばっかりチヤホヤされて、ずるい!!

その後は…

以降は、組織的な統率力も含めて、共産党軍が一気に国民党軍を圧倒していく。1949年には蒋介石が総統を辞任。国民党軍は、中央府を台湾に移して台北市を臨時首都とした。

1600万人を仲間にして大勝利!!

アメリカの欧州参戦

1941年@欧州・太平洋

苦境の英国に
1600万人の米軍が味方して勝利

WIN

900万人 vs 400万人

ドイツ軍　英軍

欧州の戦争に巻き込まれるのを、米国は避けていた。しかし、日本軍による真珠湾攻撃で、米国は第2次世界大戦への参戦を決意。ドイツとの戦いで苦境が続いた英国は、米国の参戦を熱望していた。日本、イタリアはドイツの勝利に賭けたが、英国のチャーチルは米国の参戦で、連合国の勝利を確信した。

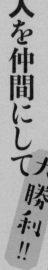

どうして大逆転できたの?

無傷の1600万人の兵力が膨大な物量で参戦

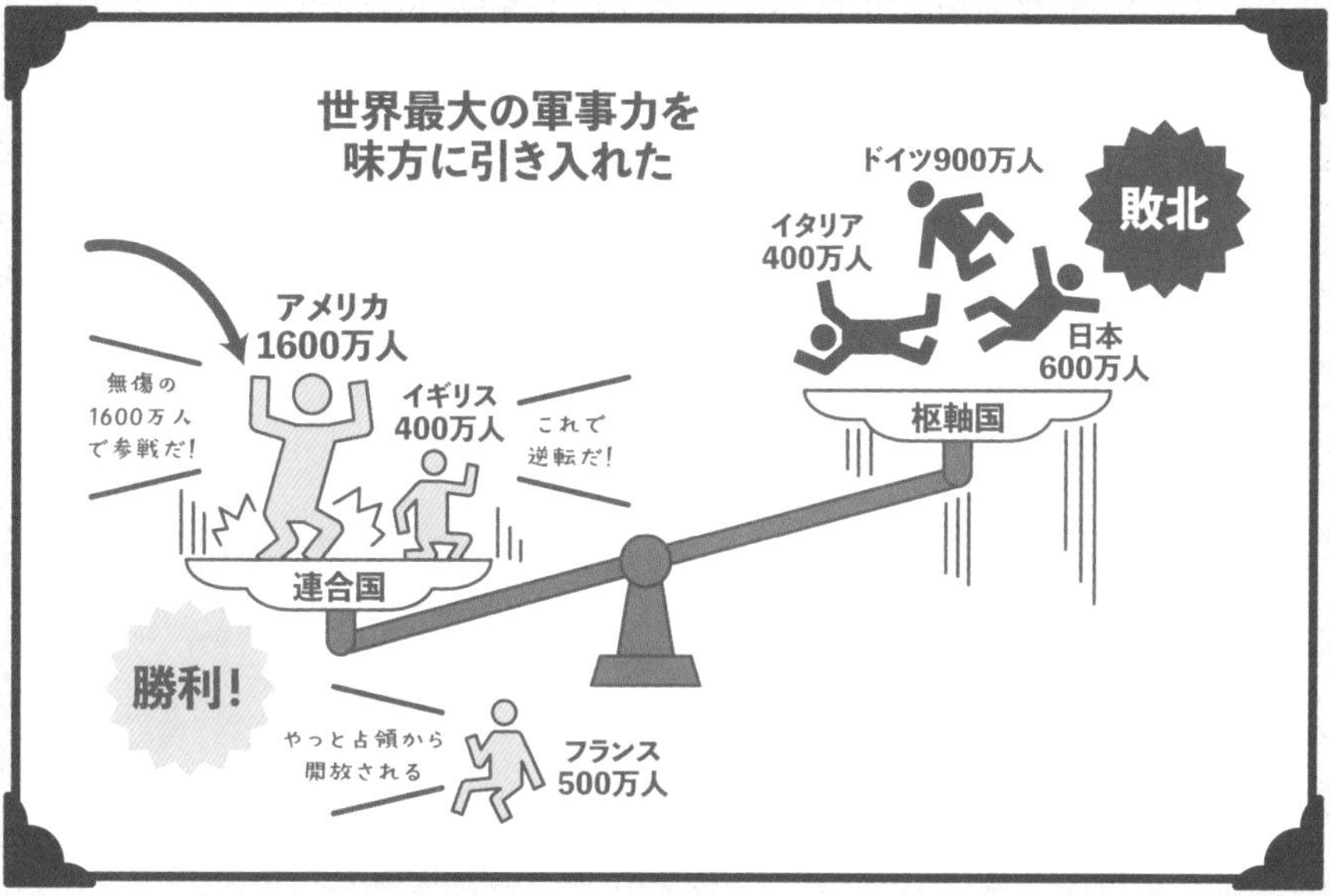
世界最大の軍事力を
味方に引き入れた
アメリカ
1600万人
無傷の
1600万人
で参戦だ!
イギリス
400万人
これで
逆転だ!
連合国
勝利!
やっと占領から
開放される
フランス
500万人
ドイツ900万人
イタリア
400万人
日本
600万人
枢軸国
敗北

逆転勝利3つのポイント

1. 英国を屈服させるため、ドイツが戦線をソ連側に拡大。ソ連と戦端を開いた。
2. ドイツのソ連侵攻の初期快進撃を見て、ドイツが勝つと日本が勘違いした。
3. 世界最大の工業国アメリカが1600万人の兵力で参戦したことで、すべてを逆転させた。

米国参戦?
聞いてない
よぉ〜
負け犬の遠吠え

その後は…

米軍参戦により、勢力図は逆転。米軍は北アフリカ、イタリアと枢軸国を駆逐して、1945 年 5 月にドイツも降伏。日本も原爆 2 つの投下により同年 8 月に敗戦を迎えた。

国際社会を味方につけて大勝利!!

ベトナム戦争

1954-75年@インドシナ半島

超大国アメリカと戦い、
自国を解放したベトナム人の戦闘法

50万人 vs **30**万人 WIN

米軍　北ベトナム軍

第2次大戦終結後、植民地宗主国のフランスをベトナムが撃退。その後、政治介入で米軍が派遣される。米国は共産主義の拡大阻止を名目に、傀儡政権のベトナム共和国を設立。反発する北ベトナム民族解放戦線は、自由と独立のために米国に抵抗。米軍は延べ260万人の軍隊を派遣、最大規模の戦争となる。

どうして大逆転できたの？

反戦、反米の国際世論を作り同盟国と戦った

多面的に味方を増やして圧倒する

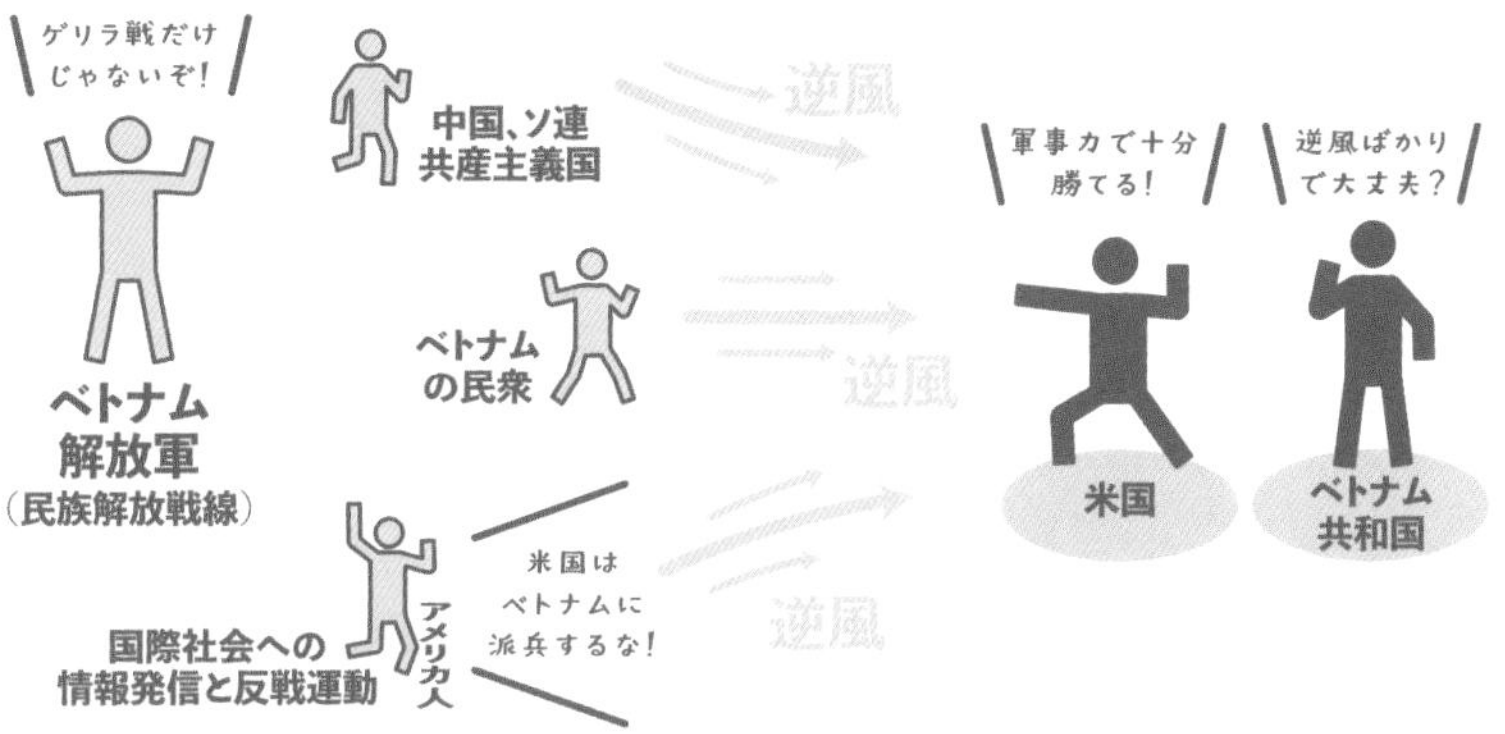
ゲリラ戦だけ
じゃないぞ！
ベトナム
解放軍
（民族解放戦線）
中国、ソ連
共産主義国
ベトナム
の民衆
国際社会への
情報発信と反戦運動
アメリカ人
米国は
ベトナムに
派兵するな！
逆風
逆風
逆風
軍事力で十分
勝てる！
逆風ばかり
で大丈夫？
米国
ベトナム
共和国

逆転勝利3つのポイント

1. 民族解放戦線は、民衆を味方につけることを重視しながら、密林や山岳で戦った。
2. ベトナム解放軍は、共産主義国のソ連や中国から膨大な軍事支援を得ることができた。
3. 解放軍のリーダー、ホー・チ・ミンは、国際社会に情報発信して支持される力があった。

ホー・チミンって、
話上手
なんやな…
負け犬の
遠吠え

その後は…

ベトナム戦争は、西側諸国と共産主義国の代理戦争の様相を呈していた。ベトナムの惨状は、世界的な反戦運動を巻き起こす。戦争終結後もカンボジアとベトナムが軍事衝突するなど、不安定な状況が続いた。

味方をビビらせて大勝利!!

おい！オメーら！戦闘《や》るか溺死《しぬ》かだぞー

井陘《せいけい》の戦い

紀元前204年@中国河北省

20万人の大群を前に、
たった3万人の兵で背水の陣を敷く

趙軍		漢軍
20万人	VS	3万人 WIN

秦帝国が崩壊後、項羽《こうう》と劉邦《りゅうほう》の天下争いのときに起こった戦い。劉邦の部下である韓信は北方の趙《ちょう》を打倒する必要があったが、敵である趙の軍勢20万人は、韓信を撃退するべく狭い道の谷に築いた城で待ち構えた。いっぽうの韓信軍は、相手を油断させ、相手が城から出たところを総攻撃するよう計画していた。

どうして大逆転できたの?

背後に川を置き、「攻めるか溺れるか」の二択で、自軍を必死にさせた

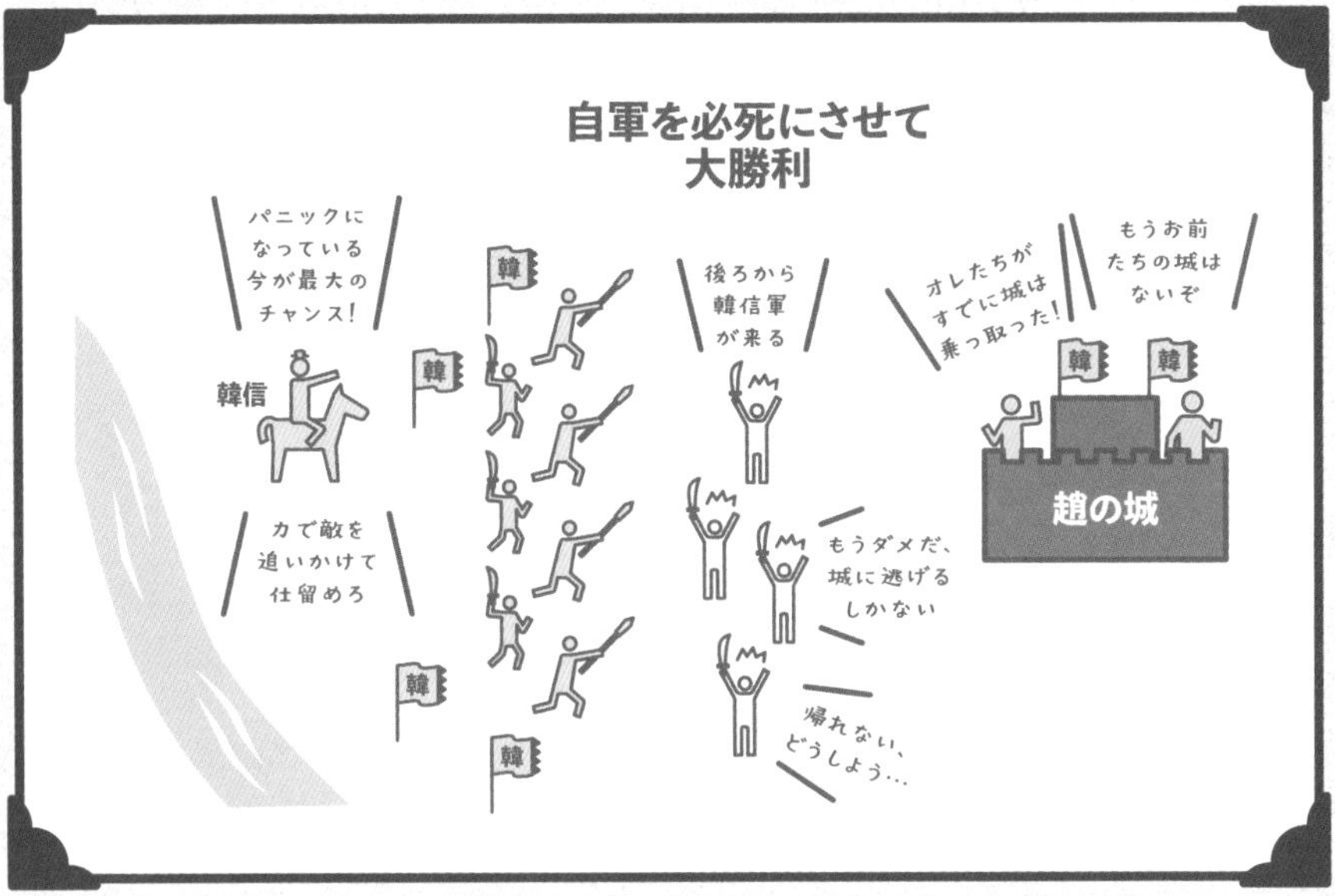
自軍を必死にさせて
大勝利
パニックになっている今が最大のチャンス!
韓信
力で敵を追いかけて仕留めろ
韓
後ろから韓信軍が来る
もうダメだ、城に逃げるしかない
帰れない、どうしよう…
オレたちがすでに城は乗っ取った!
もうお前たちの城はないぞ
趙の城

逆転勝利3つのポイント

1. 相手を有利な場所（＝強固な城）からおびき出した。
2. 背後に川の陣（背水の陣）を敷き、自軍の兵士が必死で戦う環境を準備した。
3. すきを突いて、相手の本拠地を占拠。パニックを生み出した。

韓信、パワハラ上司すぎるわ〜…
負け犬の遠吠え

その後は…

韓信軍は、趙に勝ったあと燕《えん》も降伏させて、残りの強国・斉《せい》も破る快進撃で、漢の中国統一を助けた。しかし、味方の大将・劉邦と仲たがいし、韓信は最後には処刑されてしまった。

「強い意志」があれば、どんなに悲惨な状態からも大逆転できる!

逆転勝利を成し遂げた人たちは、人生の最初からすべて順風満帆だったわけではありません。彼らが他の人たちと違ったのは、いかに悲惨な状況に置かれても、「最大限学ぶ」という堅い意志を持っていたことです。自分の不幸を嘆くのではなく、「ここから全部学んでやる!」という闘争心があったのです。

たとえば、誰もがよく知るクロネコヤマトのヤマト運輸。大口の荷ではなく小荷物配送に切り替えた初日の荷物はなんとたった11個。しかし、どんな逆風が吹いてもあきらめず、今や売上1兆7000億円を超える成長企業となりました。

不運、残念なこと、不幸なこと、悲惨なこと。これらは人生の一時期、誰でも経験することです。コスパ最高の人生とは、一本の直線ではなく、先が見えないほど曲がりくねっているものです。苦労や悲惨が多いほど、学びはより深くなる。

あなたが今、人に言えないほど悲惨な状況なら、本書で紹介した逆転勝利の立役者たちに聞いてみてください。全員が必ず、笑顔で「君もぜったい逆転できるよ!」と教えてくれます。

不運や悲劇、不幸から目を背けず、価値あるものをすべて学んで逆転させる! 強い意志を持って生きてほしいのです。彼らはやり遂げました。次はあなたの番です。

CHAPTER 7

【あの手この手】で大勝利!!

ちょっと面白い方法で勝った戦いを、最後に紹介します。勝者の発想はいつも変幻自在で自由です。既存のワクにとらわれない、逆転の発想を見ていきましょう。

砂漠におびき寄せて大勝利!!

エジプトから勢力を拡大したアイユーブ朝のサラディンの軍勢は、十字軍側の指導者の1人、レイモンド3世の妻と子が滞在するティベリアを包囲。妻子をおとりに十字軍を守りの固い城塞から誘い出し、砂漠で叩く作戦をとるサラディン軍。不利とわかりながらも、十字軍は救援に出向いてしまう。

ヒッティーンの戦い

1187年@現在のイスラエル北部

敵の妻子の城を包囲して、敵の大将を救援に向かわせてワナにはめた

2万人 VS 2.5万人 WIN!

十字軍騎士団　サラディン軍

どうして大逆転できたの？

敵を城外におびき寄せて大勝利

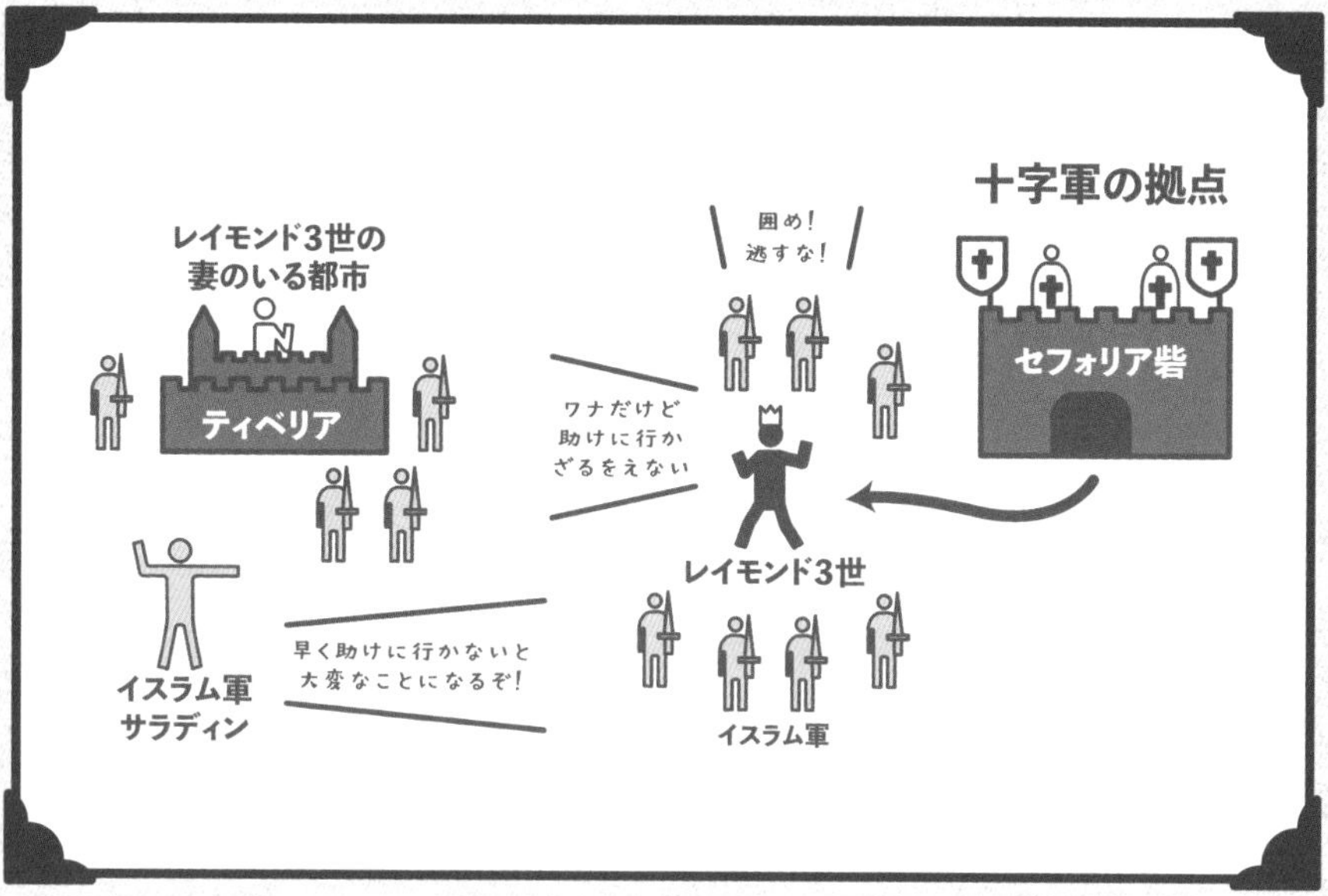
十字軍の拠点
レイモンド3世の妻のいる都市
ティベリア
囲め！逃すな！
セフォリア砦
ワナだけど助けに行かざるをえない
レイモンド3世
早く助けに行かないと大変なことになるぞ！
イスラム軍サラディン
イスラム軍

逆転勝利3つのポイント

1. 十字軍の指導者の家族をおとりに、守りの固い拠点からおびき出し、野戦を狙った。
2. たびたびゲリラ戦をしかけて、救護に向かう十字軍の水を途切れさせた。
3. 水源地に避難する十字軍を、完全包囲して殲滅。指揮官の多くもとらえた。

水がないと、人間ツライよね…
負け犬の遠吠え

その後は…

この戦いで、十字軍の主力騎士団が壊滅したため、勢いを増したサラディンは十字軍側の拠点を次々攻略。同年10月には聖地エルサレムが陥落。この悲報を元に、第3回十字軍が欧州で編成されていく。

自分の街に火をつけて大勝利!!

ファイヤァー
ヤツらにやぶれるくらいなら燃やしたるわい
グッジョブ!
皇帝《ナポレオン》
ごはんが~
オーマイガッ

ナポレオンのロシア遠征

1812年@ロシアのモスクワ周辺

70万人の大軍が、無残にもほぼ全滅したナポレオン没落の作戦

70万人 vs **50万人** WIN

フランス軍　ロシア軍

宿敵英国への経済制裁として、ナポレオンは大陸封鎖令を出して英国と各国の貿易を規制。しかしロシアが規制を破ったため、70万もの兵でロシアに進軍。ロシア軍は敵を内陸に引きつけ、厳寒の環境で壊滅させようと企図する。ロシアの狙い通り、ナポレオンは内陸に誘導されてついにモスクワに入城した。

どうして大逆転できたの？

ロシア軍はモスクワの街を燃やし、仏軍の食糧を街ごと焼き尽くした

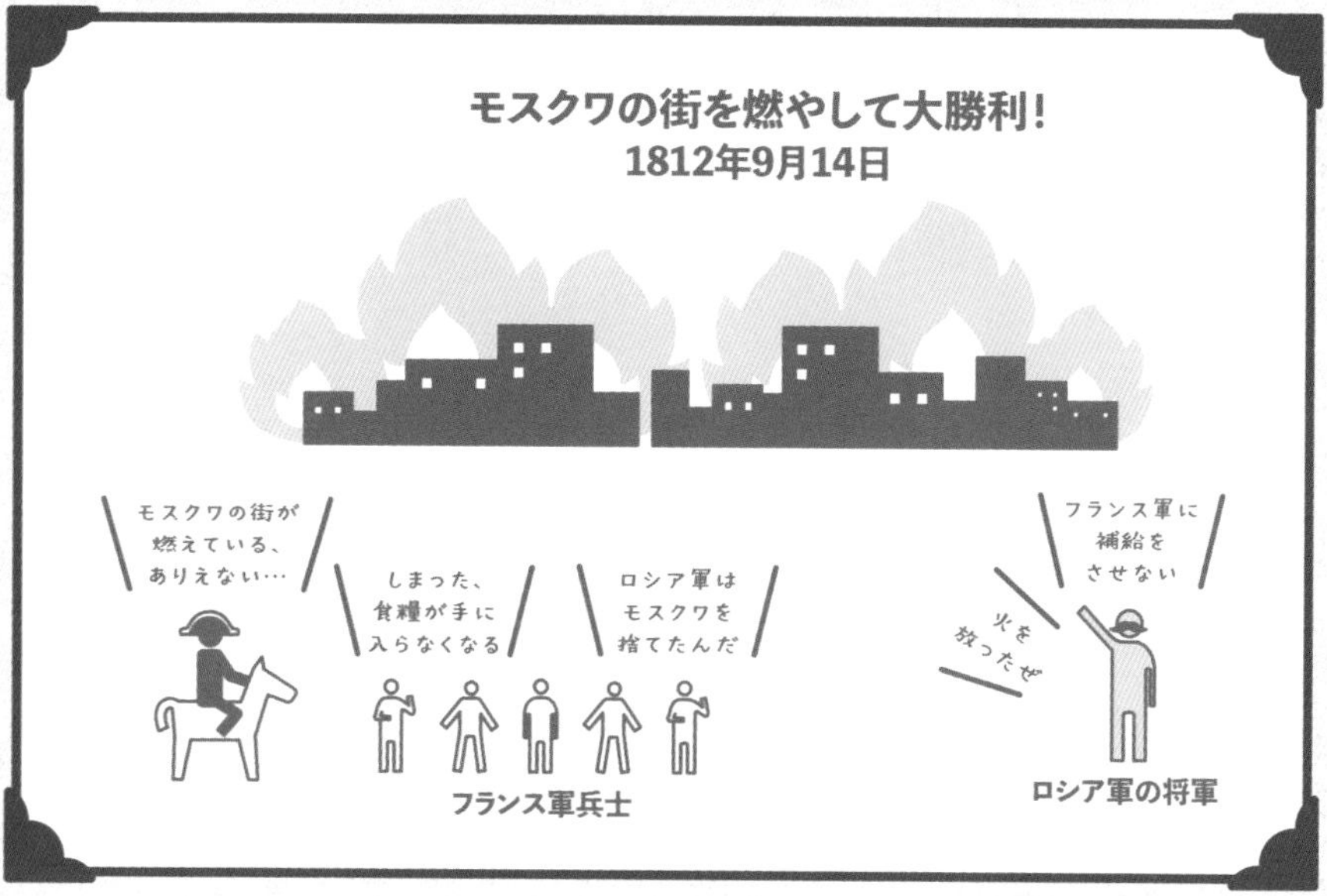
モスクワの街を燃やして大勝利！
1812年9月14日
モスクワの街が燃えている、ありえない…
しまった、食糧が手に入らなくなる
ロシア軍はモスクワを捨てたんだ
フランス軍に補給をさせない
火を放ったぜ
フランス軍兵士
ロシア軍の将軍

逆転勝利3つのポイント

1. 大軍の補給が続かないほどの長距離、長期間の作戦をフランス軍が強行したこと。
2. 目的地がモスクワだったことで、ロシア軍は敵の狙いを絞ることができ、対策が容易に。
3. ナポレオンがモスクワで得るはずのものを、ロシアが先に奪い、焼き払っていたこと。

ロシア兵の感覚、
コワッ…
負け犬の遠吠え
皇帝
ナポレオン
オーマイガッ

その後は…

フランス軍は食糧を得られずにロシアからの退却が遅れる。退却の途中に本格的な冬を迎えてしまい、ナポレオンは多数の軍勢を飢えと寒さで次々と失う。この致命的な大敗北で、ナポレオンは没落していく。

最新の戦術&技術を活用して大勝利!!

ディアス政権の打倒から始まったメキシコ革命は、何度も勢力図が変わり混乱。革命軍は2分して、庶民のための農地改革をする派・しない派で分裂した。馬賊から革命に加わり庶民の人気も高いパンチョ・ビリヤと、軍事知識の豊富なオブレゴン将軍がセラヤで軍事衝突。メキシコ革命の天王山となった。

セラヤの戦い

1915年@メキシコの街セラヤ

欧州の最新戦術を活用して、
庶民の英雄ビリャを完全撃退した戦い

3万人
パンチョ・ビリヤ軍

VS

1万人
オブレゴン軍
WIN

どうして大逆転できたの？

ドイツから最新技術と機関銃を取り入れ、有利な戦況に

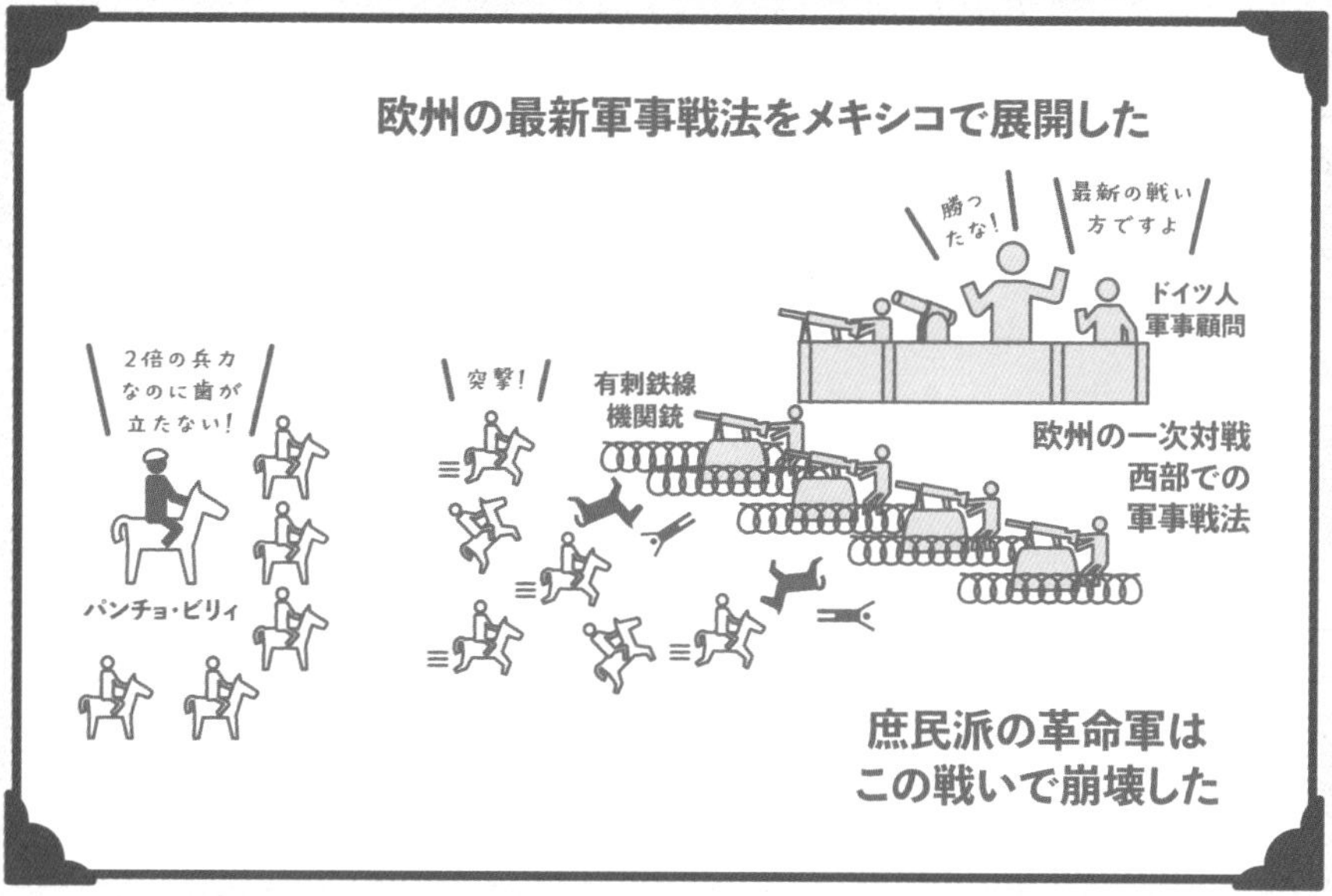
欧州の最新軍事戦法をメキシコで展開した
勝ったな！
最新の戦い方ですよ
ドイツ人軍事顧問
2倍の兵力なのに歯が立たない！
突撃！
有刺鉄線
機関銃
欧州の一次対戦西部での軍事戦法
パンチョ・ビリィ
庶民派の革命軍はこの戦いで崩壊した

逆転勝利3つのポイント

1. パンチョ・ビリャの騎兵戦術を熟知して、騎兵戦力を潰す準備をしていた。
2. ドイツ人の軍事顧問を活用して、欧州の最新戦法と機関銃を活用した。
3. 連勝で自信過剰になったビリャ軍が、敵の補給を潰さずに騎兵による突撃を繰り返した。

機関銃の威力ってすごすぎる～。
負け犬の遠吠え

その後は…

革命軍の中でも、庶民に人気の高かったビリャ軍団が壊滅。庶民派による政権の奪取は夢と消えた。オブレゴン将軍は 1920 年に大統領となる。各派と和平協定が結ばれるがビリャは 1923 年に暗殺された。

包囲されてもへっちゃらな補給路で大勝利!!

インパール作戦

1944年@インド・ビルマ国境地帯

イギリス軍の新戦術、
「円筒陣地」に完敗した日本軍

日本軍		イギリス軍
9万人	VS	10万人 WIN

太平洋戦争の末期。中国戦線への英米からの補給を止めるため、日本軍は英軍の軍事拠点インパールを目指す。英軍は日本軍をジャングルの奥までおびき寄せ、補給の伸びた状態で壊滅させることを狙う。日本軍は得意の包囲戦で英軍陣地を降伏させようとしたが、英軍の補給路は空にあったのだった。

どうして大逆転できたの?

日本軍に包囲されても、空中からの補給で余裕の英軍

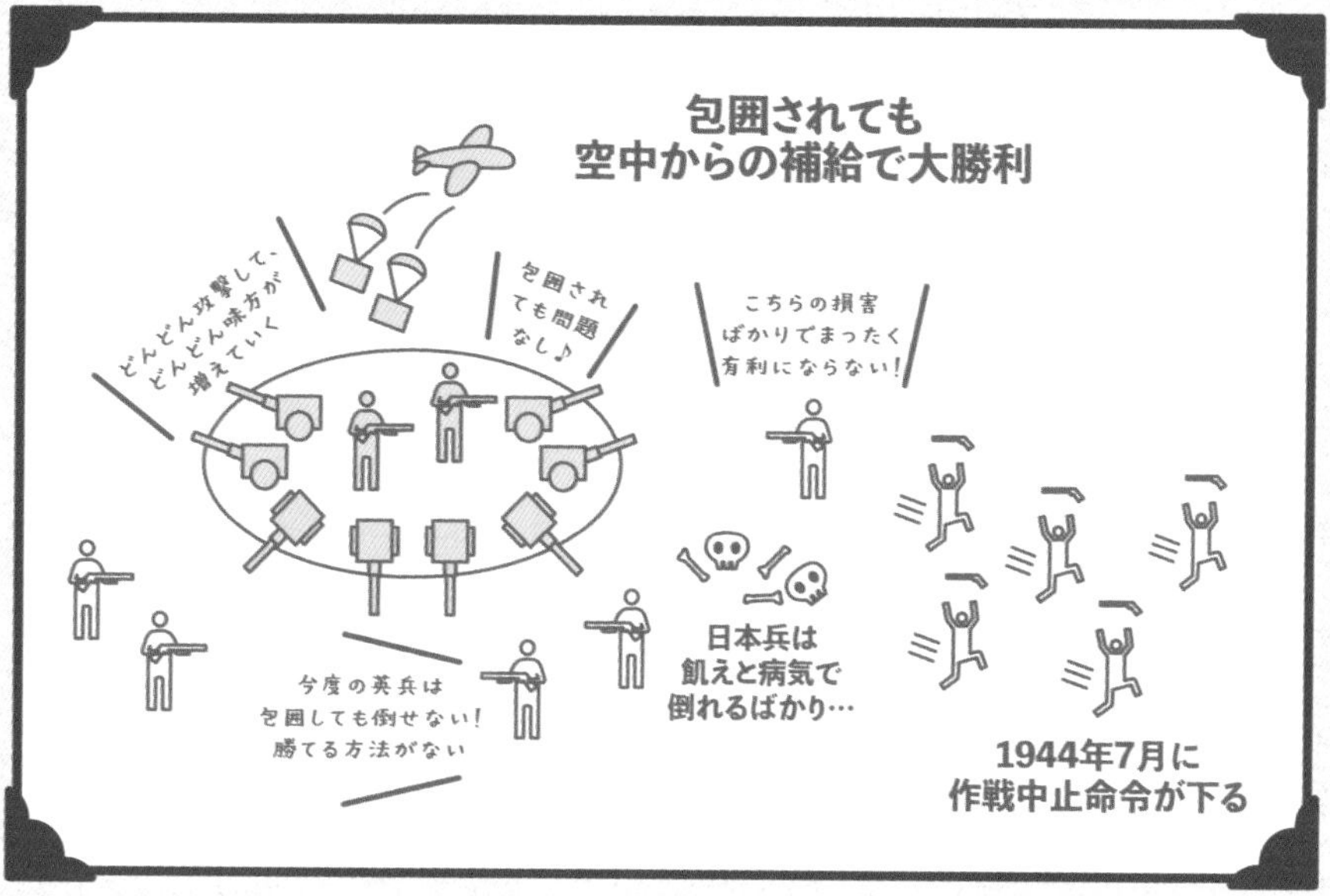
包囲されても
空中からの補給で大勝利
どんどん攻撃して、どんどん味方が増えていく
包囲されても問題なし♪
こちらの損害ばかりでまったく有利にならない!
今度の英兵は包囲しても倒せない! 勝てる方法がない
日本兵は飢えと病気で倒れるばかり…
1944年7月に
作戦中止命令が下る

逆転勝利3つのポイント

1. 初期の日本軍の成功要因を英軍の名将ウィンゲートが見抜き、戦略を熟知していた。
2. 太平洋の海上戦闘で、日本軍の航空兵力がすでに壊滅的になっていた。
3. 日本軍の陸上での包囲を受けても、英軍の補給は続き、食糧も武器も豊富にあった。

武器やゴハンは、空から降ってきてたのね…
負け犬の遠吠え

その後は…

太平洋戦争初期に日本軍が快進撃を続けた地域でも、必勝のパターンが破られたことで、日本軍は敗戦へ向けて転がり続けた。この敗戦では、飢餓や病気など多数の兵士が戦闘以外で死んでいった。

チートすぎる武器を使って大勝利!!

ガザラの戦い

WIN

1942年@アフリカ北部

ウチらの戦車は頑丈なんだぜ!

勝てばよかろうなのだァ

イギリス軍		ドイツ軍・イタリア軍
戦車 800台	VS	戦車 500台

装甲の厚いイギリス戦車を、空戦用の高射砲でつぎつぎに撃退

ギャアアアアアア
対空砲はチートだろ
BOOM

戦いは、北アフリカのリビア東部、地中海沿岸の都市トブルク周辺で起こった。トブルクは、連合軍側には補給の重要拠点であり、これまでもドイツ軍の攻撃を撃退し続けていた。

ことの起こりは、英軍がイタリア軍を撃滅するためにアフリカに進軍したこと。イタリアと同盟を組んでいたドイツ軍は、北アフリカ戦線のイタリア軍援護に向かう。

ロンメル軍は敵陣を南から迂回して、後方から包囲。航空機を打ち落とすほど威力の強力な高射砲を使用。イギリス軍から「さすがにそれは卑怯では…」と揶揄《やゆ》される。逆に敵に包囲されそうになると、さらに敵の中央を分断することで勝利した。

戦いの流れを大解説!!

南を迂回して、後ろからの攻撃を狙うドイツ軍

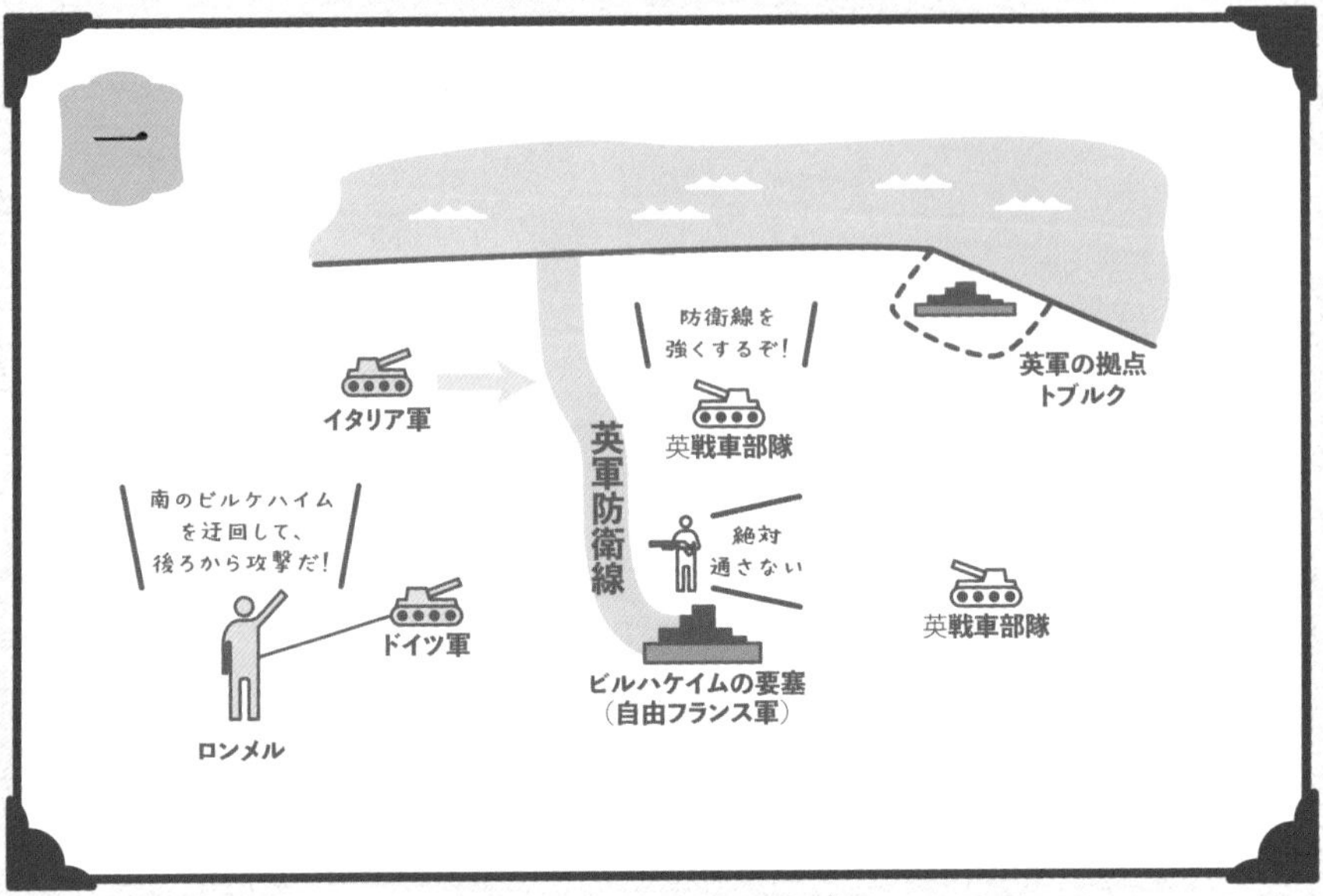
一
防衛線を強くするぞ!
英軍の拠点
トブルク
イタリア軍
英戦車部隊
英軍防衛線
南のビルケハイムを迂回して、後ろから攻撃だ!
絶対通さない
ドイツ軍
英戦車部隊
ビルハケイムの要塞
(自由フランス軍)
ロンメル

高射砲で、英軍の最新のM3戦車を撃破

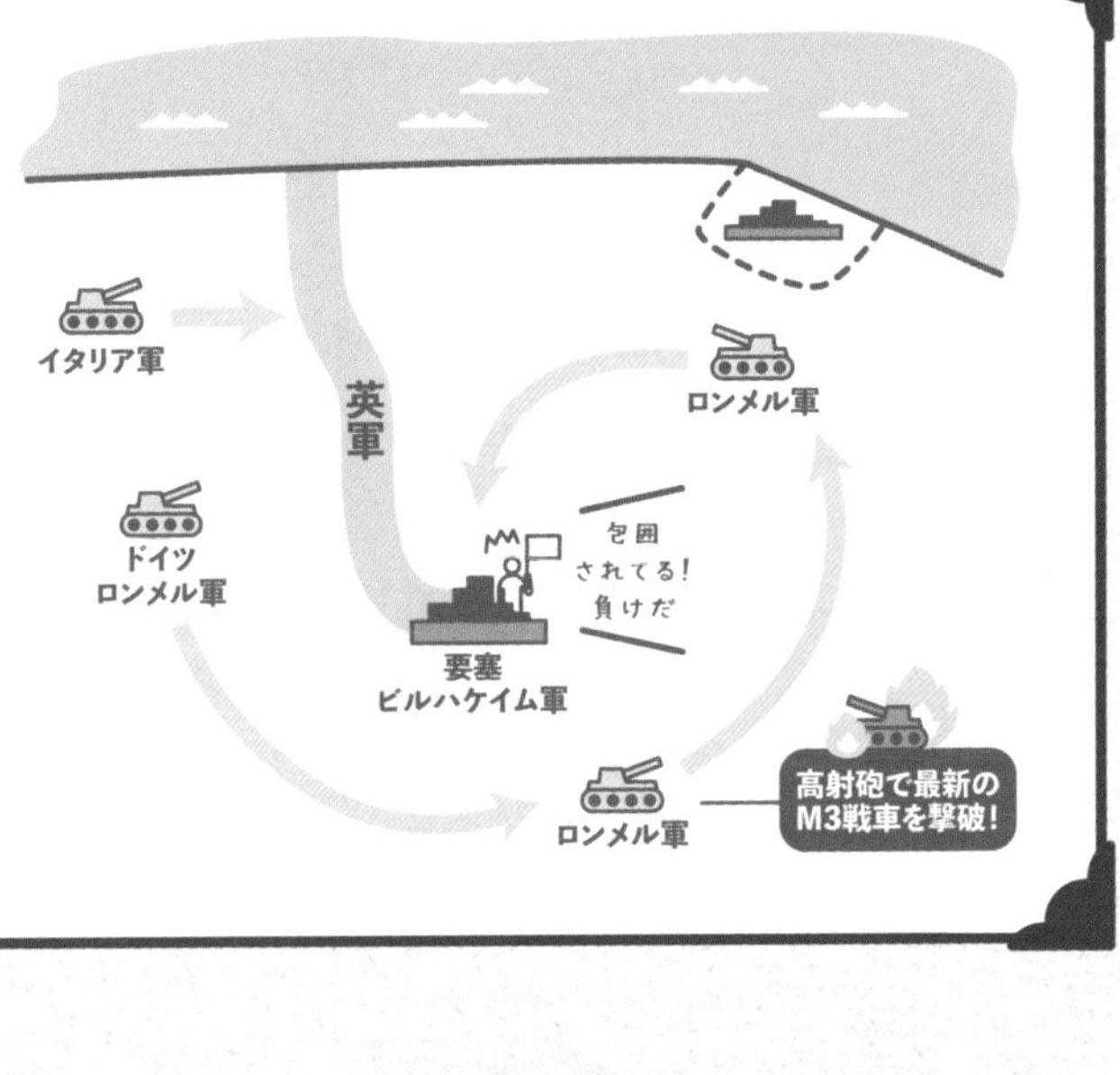
二
イタリア軍
英軍
ロンメル軍
ドイツ
ロンメル軍
包囲されてる!負けだ
要塞
ビルハケイム軍
ロンメル軍
高射砲で最新のM3戦車を撃破!

英軍の防衛線の南端のビルハケイムは、大型砲のある手ごわい要塞だったが、ロンメルのドイツ軍が迂回して補給を断って攻撃したので、最後は全滅する前に撤退した

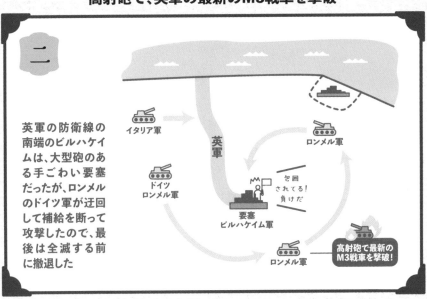

英軍は味方戦力が全滅して、陣地を捨てて逃げた

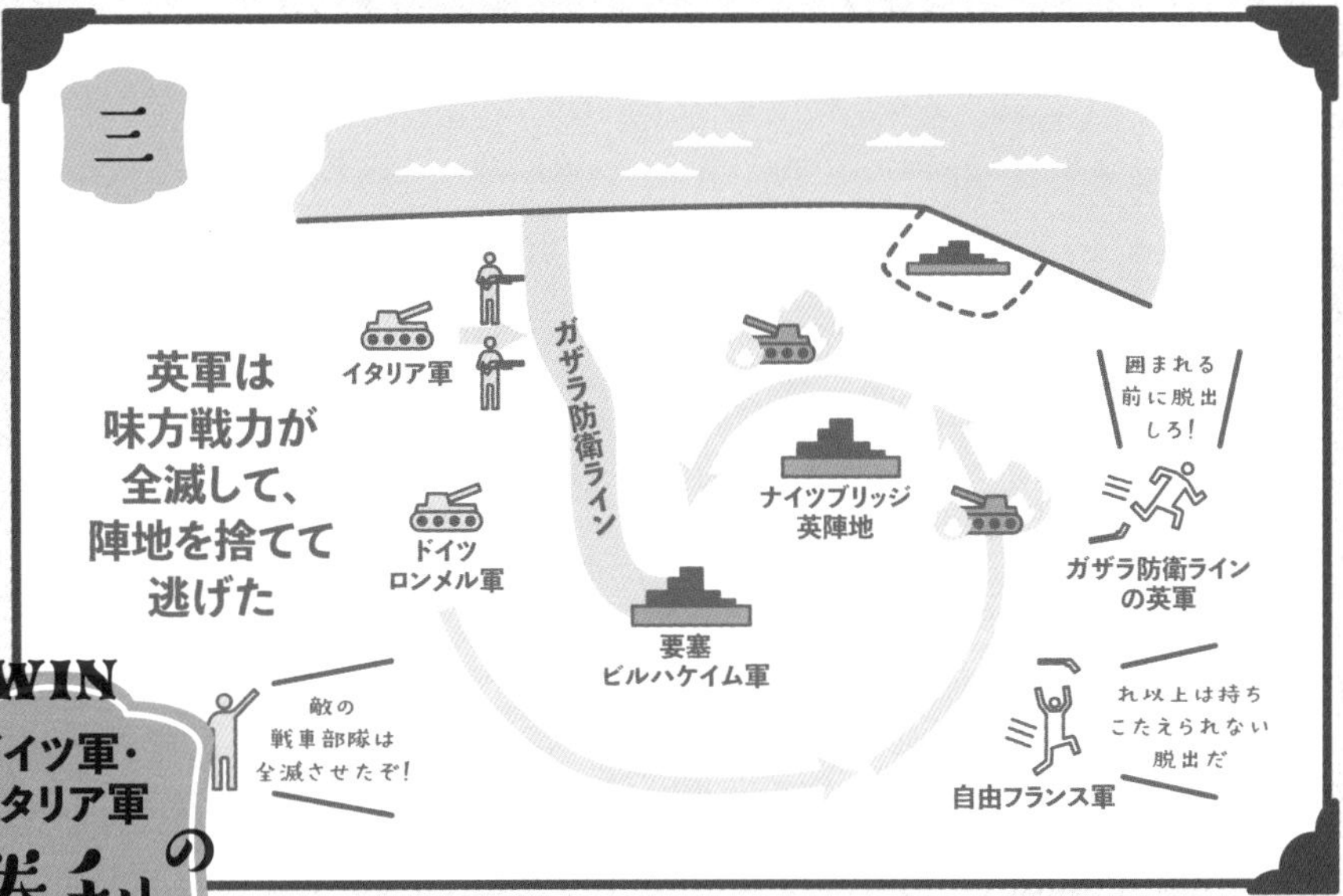
三
英軍は
味方戦力が
全滅して、
陣地を捨てて
逃げた
イタリア軍
ガザラ防衛ライン
ドイツ
ロンメル軍
要塞
ビルハケイム軍
ナイツブリッジ
英陣地
囲まれる
前に脱出
しろ!
ガザラ防衛ライン
の英軍
敵の
戦車部隊は
全滅させたぞ!
れ以上は持ち
こたえられない
脱出だ
自由フランス軍

WIN
ドイツ軍・イタリア軍の勝利

逆転勝利3つのポイント

1. おとり部隊を先に戦わせ、ロンメル軍は敵陣を南から迂回して後方から包囲した。
2. 航空機を撃退する高射砲を、英軍戦車への攻撃に使って大戦果を挙げた。
3. 逆包囲されそうな状態を、あえて逃げずに敵の中央を分断して追い詰めた。

あの武器の
威力は、
チートすぎるだろ…
負け犬の
遠吠え

その後は…

ロンメルは劇的な勝利を収めたが、自軍の戦車を含めた損害も激しかった。そのため次の英軍拠点であるエル・アラメインの攻略に失敗。その後は都市トブルクを守る戦闘で何度か勝利したが、本国からの補給が続かず次第に劣勢になっていく。

自転車で爆走して大勝利!!

マレー作戦

1941–42年@マレー半島・シンガポール

橋も壊したし安心…のハズ

13万人 英軍・豪軍・英領インド軍

VS

6万人 日本軍

橋がなければ川を渡るべし！

敵の準備が間に合わないほどの進軍スピードで圧倒、包囲して大勝利

1941年12月8日に日本軍は真珠湾攻撃により開戦。東南アジアに近いシンガポールは英米の重要軍事拠点であり、日本軍にとっては、その排除のための作戦だった。

マレーシアに複数個所から日本軍が上陸。英軍と戦闘しながら、最終目的地シンガポールを目指した。当時マレーシア全体がイギリス植民地だった。

英軍は退却しながら橋を破壊するなど、日本軍の進軍を遅らせることで、英国からの増援部隊が来るまで時間を稼ごうとした。しかし日本軍は、敵の増援部隊に先んじて、まさかの自転車で進軍、シンガポールの陥落を狙った。

戦いの流れを大解説!!

密林を迂回し、後方からイギリス軍を攻撃

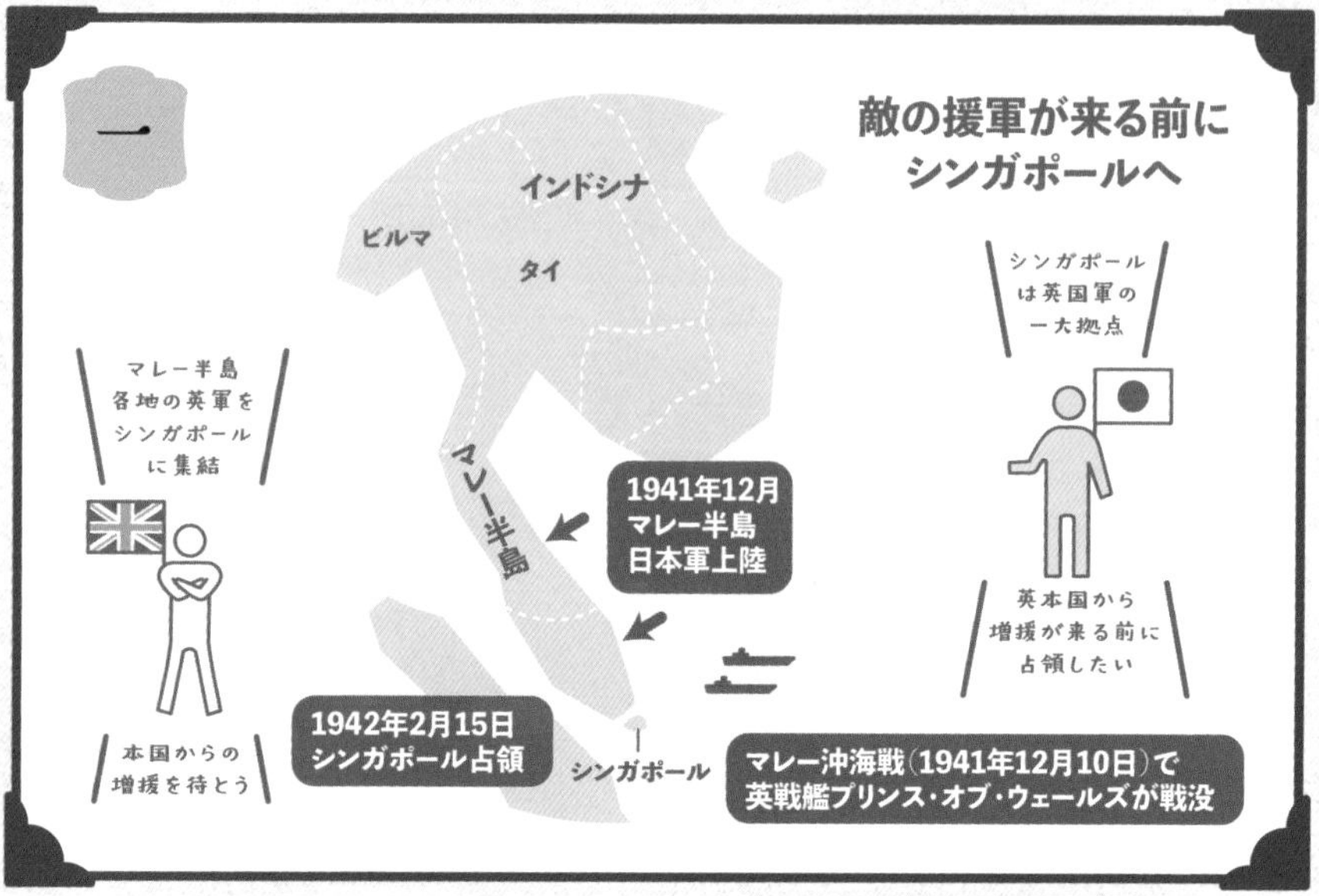
一
敵の援軍が来る前に
シンガポールへ
インドシナ
ビルマ
タイ
マレー半島
各地の英軍を
シンガポール
に集結
シンガポール
は英国軍の
一大拠点
マレー半島
1941年12月
マレー半島
日本軍上陸
英本国から
増援が来る前に
占領したい
1942年2月15日
シンガポール占領
シンガポール
本国からの
増援を待とう
マレー沖海戦（1941年12月10日）で
英戦艦プリンス・オブ・ウェールズが戦没

橋を爆破されても、自転車を担いで川を渡る日本軍

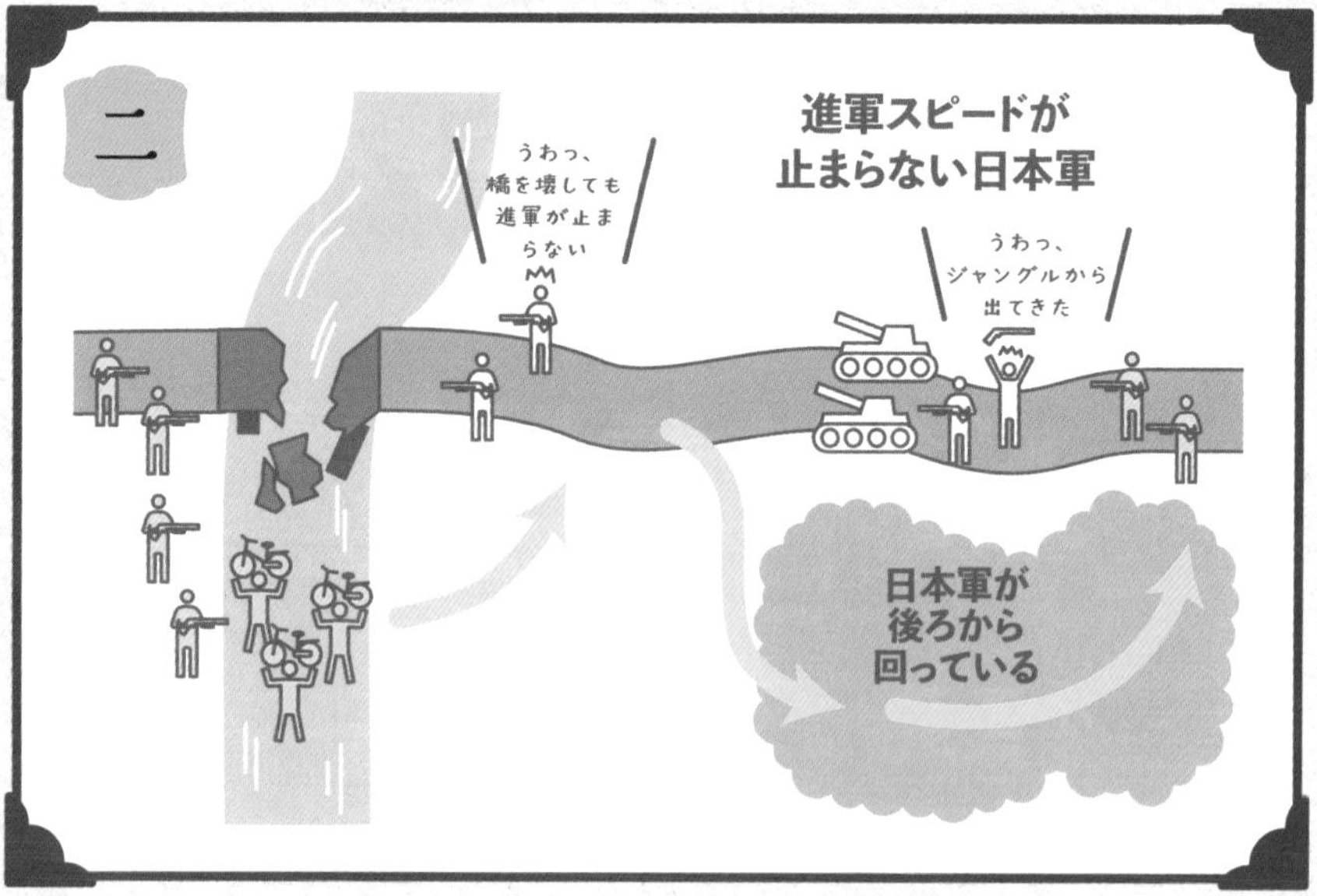
二
進軍スピードが
止まらない日本軍
うわっ、
橋を壊しても
進軍が止ま
らない
うわっ、
ジャングルから
出てきた
日本軍が
後ろから
回っている

空の上でも勝利し、地上戦を有利に持ち込んだ

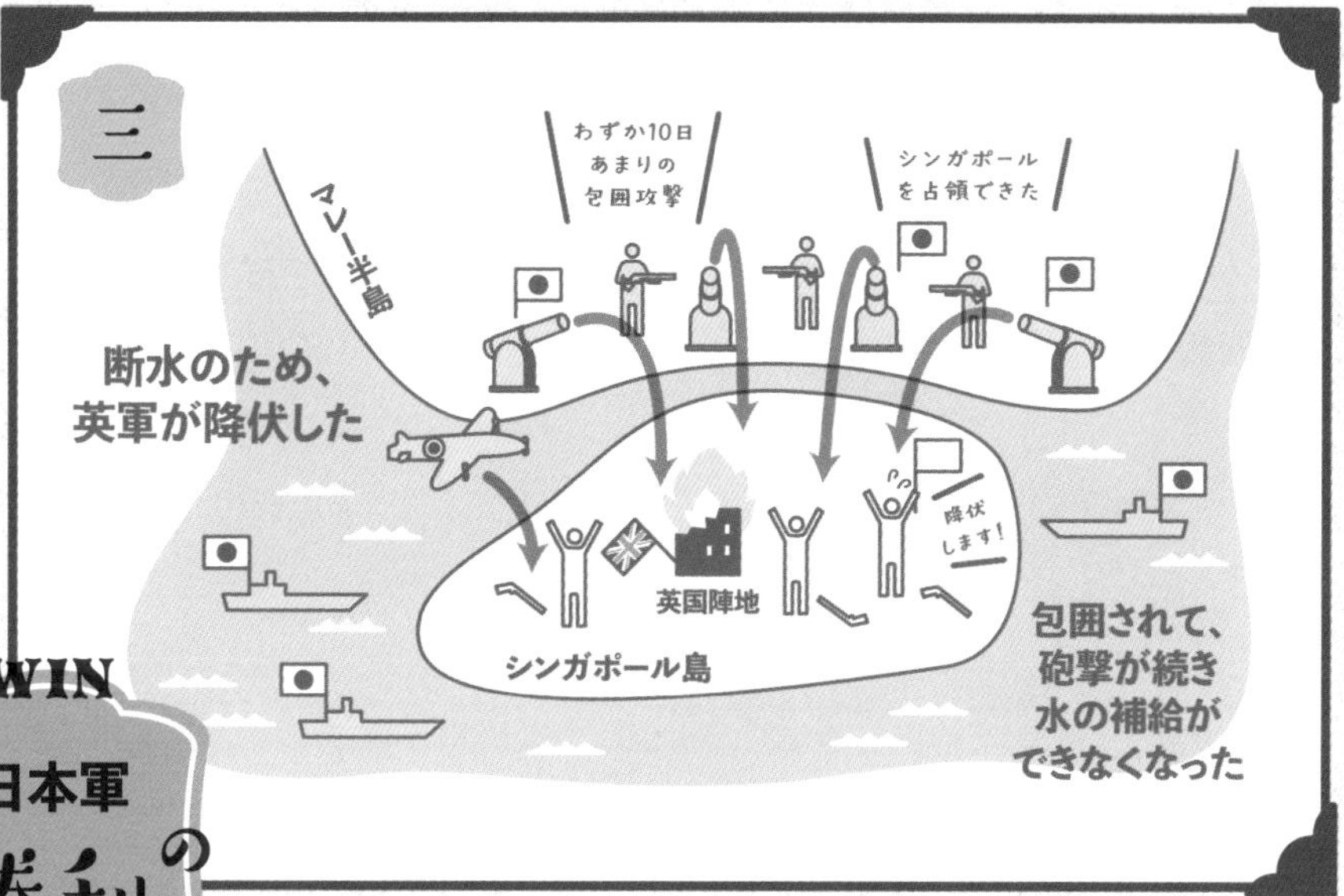
三
わずか10日
あまりの
包囲攻撃
シンガポール
を占領できた
マレー半島
断水のため、
英軍が降伏した
降伏
します!
英国陣地
シンガポール島
包囲されて、
砲撃が続き
水の補給が
できなくなった

WIN
日本軍の勝利

逆転勝利3つのポイント

1. 密林の中を迂回して、英軍陣地の後方を脅かして驚かし、退却させる戦術。
2. 銀輪部隊が、橋を爆破されても自転車を担いで浅い川を横断して進軍し続けたこと。
3. 日本軍の航空機が、英軍の航空戦力を撃滅。空を制覇したことで地上部隊が有利に。

ま、まさか
チャリンコであらわ
れるなんて…!
負け犬の遠吠え

その後は…

1942年2月15日にシンガポールの英軍は降伏。包囲されて断水で水の使用ができなくなったことが降伏の理由。この勝利で日本軍は南方の英軍を排除したが、航空戦力の重要性やのちの円筒陣形など、英米が逆襲するためのヒントも相手に与えた。

高性能レーダーで丸見えにして大勝利!!

第2次世界大戦の初期には対潜水艦戦術が発達せず、ドイツの潜水艦Uボートは約3000隻の商船を撃沈、北米から欧州への物資補給を妨害し、大活躍した。1942年頃から対策が取られ、Uボートは急速に被害を拡大。Uボート側でも対策を講じたが、連合国の技術革新はそれを上回るスピードだった。

Uボート撃滅作戦

1942年@大西洋

海はオオカミ（Uボート）の隠れ家から、24時間の監視艦に変貌した

Uボート		最新の
1130隻	VS	レーダー WIN
ドイツ軍		連合軍

どうして大逆転できたの？

敵なしを誇ったドイツのUボートも、高性能レーダーの前で撃沈

レーダーと哨戒機の航続能力で海はオリになった

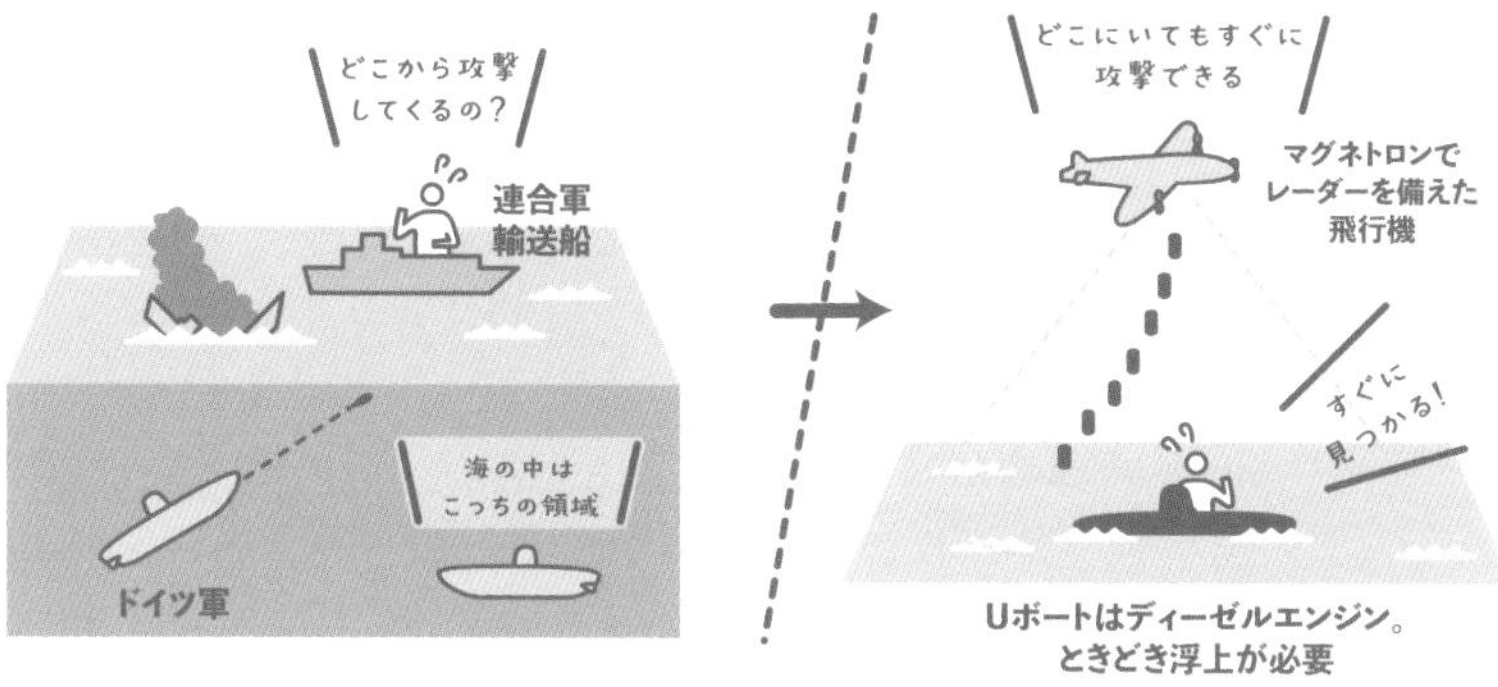
どこから攻撃してくるの？
連合軍輸送船
海の中はこっちの領域
ドイツ軍
どこにいてもすぐに攻撃できる
マグネトロンでレーダーを備えた飛行機
すぐに見つかる！
Uボートはディーゼルエンジン。ときどき浮上が必要

**海の王者だったUボートは
1000隻中685隻が敗戦までに沈んだ**

逆転勝利3つのポイント

1. マグネトロンによるレーダーの開発と装備で、海上ですぐ発見されるようになった。
2. 航空機の航続距離が長くなり、大西洋で護衛飛行機がない船団がいなくなった。
3. レーダーとソナーで潜水艦も即発見、爆雷技術の向上で撃沈されてしまうケースが激増。

丸見えだったなんて…超ショック！
負け犬の遠吠え

その後は…

技術革新や改善スピードは連合国が圧倒的に速く、Uボートは無力化、Uボート部隊はもっとも被害が出た。そして、通商破壊をすることでは、（米国の圧倒的物量で）勝てないことも証明された。

STAFF
カバーデザイン　三森健太（JUNGLE）
本文デザイン　高橋明香（おかっぱ製作所）
イラスト　meppelstatt
図版　草田みかん
DTP　野中賢／安田浩也（システムタンク）
校正　加藤義廣（小柳商店）

人生とビジネスに役立つ逆転の戦略55
弱くても、勝てました。

2023年10月3日　第1刷発行

著　　者　鈴木博毅
発 行 人　土屋　徹
編 集 人　滝口勝弘
編集担当　古川有衣子
発 行 所　株式会社Gakken
〒141-8416　東京都品川区西五反田2-11-8

印 刷 所　中央精版印刷株式会社

●この本に関する各種お問い合わせ先
本の内容については、下記サイトのお問い合わせフォームよりお願いします。
https://www.corp-gakken.co.jp/contact/
・在庫については　Tel 03-6431-1201（販売部）
・不良品（落丁、乱丁）については　Tel 0570-000577
学研業務センター　〒354-0045 埼玉県入間郡三芳町上富279-1
・上記以外のお問い合わせは　Tel 0570-056-710（学研グループ総合案内）

学研グループの書籍・雑誌についての新刊情報・詳細情報は、下記をご覧ください。
学研出版サイト　https://hon.gakken.jp/